口絵 1　郡山布引高原風力発電所（出力約 6.6 万 kW）（第 1 章参照）

口絵 2

佐久間発電所

（出力 35 万 kW）

（第 2 章参照）

口絵 3

沖縄やんばる海水揚水発電所

（出力 3 万 kW）

（第 2 章参照）

写真提供：J-POWER［電源開発（株）］

口絵 4
橘湾火力発電所
（出力 210 万 kW：2 × 105 万 kW）
（第 3 章参照）

口絵 5
磯子火力発電所
新 2 号タービン発電機
（出力 60 万 kW）
（第 3 章参照）

口絵 6
鬼首地熱発電所
（出力 1.5 万 kW）
（第 3 章参照）

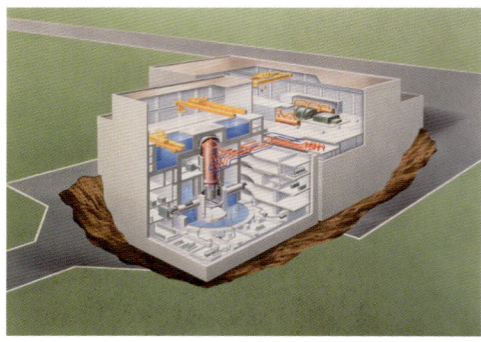

口絵 7
改良型沸騰水型（ABWR）
原子力発電所
（出力 135 万 kW 級）
（第 4 章参照）

写真提供：J-POWER［電源開発（株）］

● 電気・電子工学ライブラリ ●
UKE-D2

電力発生工学

加藤政一・中野 茂・西江嘉晃・桑江良明 共著

数理工学社

編者のことば

　電気磁気学を基礎とする電気電子工学は，環境・エネルギーや通信情報分野など社会のインフラを構築し社会システムの高機能化を進める重要な基盤技術の一つである．また，日々伝えられる再生可能エネルギーや新素材の開発，新しいインターネット通信方式の考案など，今まで電気電子技術が適用できなかった応用分野を開拓し境界領域を拡大し続けて，社会システムの再構築を促進し一般の多くの人々の利用を飛躍的に拡大させている．

　このようにダイナミックに発展を遂げている電気電子技術の基礎的内容を整理して体系化し，科学技術の分野で一般社会に貢献をしたいと思っている多くの大学・高専の学生諸君や若い研究者・技術者に伝えることも科学技術を継続的に発展させるためには必要であると思う．

　本ライブラリは，日々進化し高度化する電気電子技術の基礎となる重要な学術を整理して体系化し，それぞれの分野をより深くさらに学ぶための基本となる内容を精査して取り上げた教科書を集大成したものである．

　本ライブラリ編集の基本方針は，以下のとおりである．
1) 今後の電気電子工学教育のニーズに合った使い易く分かり易い教科書．
2) 最新の知見の流れを取り入れ，創造性教育などにも配慮した電気電子工学基礎領域全般に亘る斬新な書目群．
3) 内容的には大学・高専の学生と若い研究者・技術者を読者として想定．
4) 例題を出来るだけ多用し読者の理解を助け，実践的な応用力の涵養を促進．

　本ライブラリの書目群は，I 基礎・共通，II 物性・新素材，III 信号処理・通信，IV エネルギー・制御，から構成されている．

　書目群Iの基礎・共通は9書目である．電気・電子通信系技術の基礎と共通書目を取り上げた．

　書目群IIの物性・新素材は7書目である．この書目群は，誘電体・半導体・磁性体のそれぞれの電気磁気的性質の基礎から説きおこし半導体物性や半導体デバイスを中心に書目を配置している．

　書目群IIIの信号処理・通信は5書目である．この書目群では信号処理の基本から信号伝送，信号通信ネットワーク，応用分野が拡大する電磁波，および

電気電子工学の医療技術への応用などを取り上げた．

書目群 IV のエネルギー・制御は 10 書目である．電気エネルギーの発生，輸送・伝送，伝達・変換，処理や利用技術とこのシステムの制御などである．

「電気文明の時代」の 20 世紀に引き続き，今世紀も環境・エネルギーと情報通信分野など社会インフラシステムの再構築と先端技術の開発を支える分野で，社会に貢献し活躍を望む若い方々の座右の書群になることを希望したい．

2011 年 9 月

編者　松瀬貢規　湯本雅恵
　　　西方正司　井家上哲史

「電気・電子工学ライブラリ」書目一覧

書目群 I（基礎・共通）	書目群 III（信号処理・通信）
1　電気電子基礎数学	1　信号処理の基礎
2　電気磁気学の基礎	2　情報通信工学
3　電気回路	3　無線とネットワークの基礎
4　基礎電気電子計測	4　基礎 電磁波工学
5　応用電気電子計測	5　生体電子工学
6　アナログ電子回路の基礎	**書目群 IV（エネルギー・制御）**
7　ディジタル電子回路	1　環境とエネルギー
8　ハードウェア記述言語によるディジタル回路設計の基礎	2　電力発生工学
9　コンピュータ工学	3　電力システム工学の基礎
書目群 II（物性・新素材）	4　超電導・応用
1　電気電子材料工学	5　基礎制御工学
2　半導体物性	6　システム解析
3　半導体デバイス	7　電気機器学
4　集積回路工学	8　パワーエレクトロニクス
5　光工学入門	9　アクチュエータ工学
6　高電界工学	10　ロボット工学
7　電気電子化学	別巻 1　演習と応用 電気磁気学
	別巻 2　演習と応用 電気回路
	別巻 3　演習と応用 基礎制御工学

まえがき

　現代社会において電気はなくてはならないエネルギーである．この電気を生産する，すなわち，発電は現代社会を支える基礎といえるであろう．そういった意味で，電気工学を学ぶ人たちにとって，発電の理論を学ぶことは非常に重要である．

　一方，発電を支える理論である流体力学，熱力学，原子物理学はいずれも基礎とはいえ，電気を学ぶ人たちにとって，とっつきにくいことも事実である．本書では，電気工学を学ぶ学生の皆さんが，これらの基礎理論を含めて，発電の実際を具体的イメージを持って理解できるようにまとめている．

　さて，地球温暖化問題解決のため，温暖化ガス，なかんずく，二酸化炭素の削減は地球規模での大きな課題となっている．本書を通じて，二酸化炭素排出の大きな割合を占める火力発電，ほとんど排出しない水力発電，原子力発電について学ぶことは，これらの課題に対する理解を一層深めることになるであろう．さらに，東日本大震災，それに続く福島第一原子力発電所の事故は，わが国におけるエネルギー供給の根幹を大きく揺さぶっている．新しいエネルギー供給システムの確立には，感覚に左右されることなく，各発電方式の長所，短所をしっかりと理解することが重要であろう．このような観点からも，電気工学を学ぶ学生だけでなく，一般の読者が独学できるように工夫したつもりである．皆さんの修学の一助となれば幸いである．

　2012 年 7 月

著者一同

　なお，本書では，初学者にとって難解と思われる個所は活字を小さくして区別している．この個所を読み飛ばしても，それ以降も理解できるように留意している．

目　　次

第1章
発電の歴史と地球温暖化　　1

- 1.1　発電の歴史 ……………………………………………… 2
  - 1.1.1　電気事業の黎明期 …………………………………… 2
  - 1.1.2　電気事業の発展期―水主火従 …………………… 2
  - 1.1.3　高度経済成長期―火主水従 ……………………… 2
  - 1.1.4　電源ベストミックス―オイルショック以降 …… 4
  - 1.1.5　電気事業の成熟期―地球温暖化への対応 ……… 5
- 1.2　地球温暖化対策 ………………………………………… 6
  - 1.2.1　発電効率向上 ………………………………………… 6
  - 1.2.2　燃料の転換 …………………………………………… 7
- 1.3　再生可能電源 …………………………………………… 8
  - 1.3.1　風 力 発 電 …………………………………………… 9
  - 1.3.2　太陽光発電 …………………………………………… 9
  - 1.3.3　バイオマス発電 ……………………………………… 11
- 1章の問題 …………………………………………………… 13

第2章
水 力 発 電　　15

- 2.1　水のエネルギー ………………………………………… 16
  - 2.1.1　水　圧 ………………………………………………… 16
  - 2.1.2　ベルヌーイの定理 …………………………………… 17
  - 2.1.3　水 の 仕 事 …………………………………………… 19
- 2.2　河 川 流 量 ……………………………………………… 20
  - 2.2.1　降水と流出 …………………………………………… 20

目次

- 2.2.2 河川流量 ·· 20
- 2.2.3 包蔵水力 ·· 22
- 2.2.4 流量調整と貯水 ·· 22
- 2.3 水力発電の方式 ·· 24
  - 2.3.1 落差を得る方法 ·· 24
  - 2.3.2 落差を得る方法による発電所の分類 ··················· 25
  - 2.3.3 運用方法による発電所の分類 ···························· 27
- 2.4 水力施設 ·· 29
  - 2.4.1 ダ ム ··· 29
  - 2.4.2 水 路 ··· 31
  - 2.4.3 サージタンク ··· 32
  - 2.4.4 水圧管路 ·· 32
  - 2.4.5 放水路 ··· 32
- 2.5 水 車 ·· 33
  - 2.5.1 衝動形と反動形 ·· 33
  - 2.5.2 ペルトン水車 ··· 34
  - 2.5.3 クロスフロー水車 ·· 37
  - 2.5.4 フランシス水車 ·· 37
  - 2.5.5 プロペラ水車 ··· 40
  - 2.5.6 比速度 ··· 41
  - 2.5.7 水車効率 ·· 43
  - 2.5.8 水車の選定 ··· 44
  - 2.5.9 無拘束速度 ··· 46
  - 2.5.10 キャビテーション ·· 46
- 2.6 水理系の応答 ··· 48
  - 2.6.1 調速機 ··· 48
  - 2.6.2 負荷変動 ·· 49
- 2.7 発 電 機 ·· 54
  - 2.7.1 構 造 ··· 54
  - 2.7.2 同期発電機の電気的特性 ··································· 55
- 2章の問題 ··· 60

第3章
火力発電   **61**

- 3.1 概　説 ·· 62
  - 3.1.1 火力発電設備の概要 ·· 62
  - 3.1.2 火力発電の分類 ··· 67
- 3.2 熱力学 ·· 78
  - 3.2.1 熱力学の基礎 ··· 78
  - 3.2.2 汽力発電所のランキンサイクル ······························ 85
  - 3.2.3 ガスタービンのブレイトンサイクル ························· 92
- 3.3 燃料・燃焼 ·· 95
  - 3.3.1 燃　料 ·· 95
  - 3.3.2 燃　焼 ·· 99
- 3.4 ボイラ ··· 102
  - 3.4.1 発電用ボイラ ··· 102
  - 3.4.2 亜臨界圧ボイラと超臨界圧ボイラ ·························· 102
  - 3.4.3 自然循環と強制循環 ··· 104
  - 3.4.4 変圧運転と定圧運転 ··· 106
  - 3.4.5 ボイラ制御方式 ·· 106
  - 3.4.6 ボイラ効率 ··· 109
  - 3.4.7 最新技術動向 ··· 110
- 3.5 環境対策設備 ··· 112
  - 3.5.1 除塵装置 ·· 113
  - 3.5.2 脱硫装置 ·· 114
  - 3.5.3 脱硝装置 ·· 115
- 3.6 蒸気タービンとガスタービン ···································· 118
  - 3.6.1 蒸気タービン ··· 118
  - 3.6.2 ガスタービン ··· 126
  - 3.6.3 ガスタービンコンバインドサイクル ······················· 126
- 3章の問題 ·· 129

第4章
原子力発電　　131

- 4.1 原子炉の原理 …………………………………………… 132
  - 4.1.1 原子力エネルギーの源(みなもと) ……………………… 132
  - 4.1.2 核分裂と連鎖反応 ……………………………………… 136
  - 4.1.3 原子炉の構成 …………………………………………… 143
  - 4.1.4 原子力発電の仕組 ……………………………………… 148
- 4.2 原子力発電プラントの種類 ………………………………… 151
  - 4.2.1 原子炉の分類 …………………………………………… 151
  - 4.2.2 発電用原子炉プラントの種類と特徴 ………………… 151
  - 4.2.3 改良型軽水炉 …………………………………………… 159
- 4.3 原子力発電所の安全性 ……………………………………… 166
  - 4.3.1 安全確保の基本的考え方 ……………………………… 166
  - 4.3.2 安全設計 ………………………………………………… 170
  - 4.3.3 安全評価 ………………………………………………… 173
  - 4.3.4 確率論的安全評価とアクシデントマネジメント …… 177
  - 4.3.5 原子力防災 ……………………………………………… 179
  - 4.3.6 定期安全レビュー ……………………………………… 180
  - 4.3.7 安全文化 ………………………………………………… 181
- 4章の問題 ………………………………………………………… 184

問題解答　　185

参考文献　　192

索引　　193

第1章

発電の歴史と地球温暖化

　本章では，発電の歴史を電気事業の変遷に沿って概観する．そして，今後重要な課題である地球温暖化対策に関して，説明するとともに，その有効な解決手段である再生可能電源についても解説する．
　（口絵1に風力発電所を掲載）

1.1 発電の歴史

1.1.1 電気事業の黎明期

1886年に東京電灯会社（東京電力の前身）によりわが国の電気事業は始まった．1887年に東京電灯は出力25 kWの火力発電を開始した．電気事業の黎明期の発電は石炭による小規模火力発電が中心で，発電所は需要家に接近して作られていた．1892年には，わが国初の営業用水力発電所として，琵琶湖疏水を用いた京都市営蹴上(けあげ)発電所が運転を開始した．

当初，直流送電と交流送電が混在して用いられていたが，大容量送電の必要性から次第に交流送電に一体化されていった．電力需要の伸びに従い，東京電灯における浅草発電所（出力200 kW）をはじめとする大容量発電所が都市部に建設されるようになった．しかし，19世紀末になると，環境問題や石炭の価格高騰などの問題が顕在化してきた．

1.1.2 電気事業の発展期—水主火従

1899年，福島県猪苗代湖安積疏水を利用した出力300 kWの沼上(ぬまがみ)水力発電所が運転を開始した．送電電圧11,000 V，送電距離22.5 kmとわが国における長距離送電の始まりである．これにより，過去において豊富といわれた包蔵水力を活用した，需要家から遠く離れた大規模水力発電所の開発が進められることになった．1912年には設備容量で水力発電が火力発電を上回る，いわゆる**水主火従**の時代が始まった．1955年（昭和30年）には水力と火力の電源設備比率は8：2であった（図1.1）．

1.1.3 高度経済成長期—火主水従

1955年ごろを境に日本は高度経済成長の時代に入ることになる．この成長を支えるのに必要なものがエネルギー，とりわけ電力である．水力が中心だった発電も，建設に時間がかかることもあり，高度経済成長期にはより短時間で建設可能な火力発電へ比重が移って行くこととなった．しかも，当時は石油の価格は他のエネルギー源と比較して安価であり，安価かつ豊富な石油火力発電による電力がわが国の高度経済成長を支えたのである．そして，1963年には火力発電が水力発電を上回り**火主水従**へと移った（図1.1）．

1.1 発電の歴史

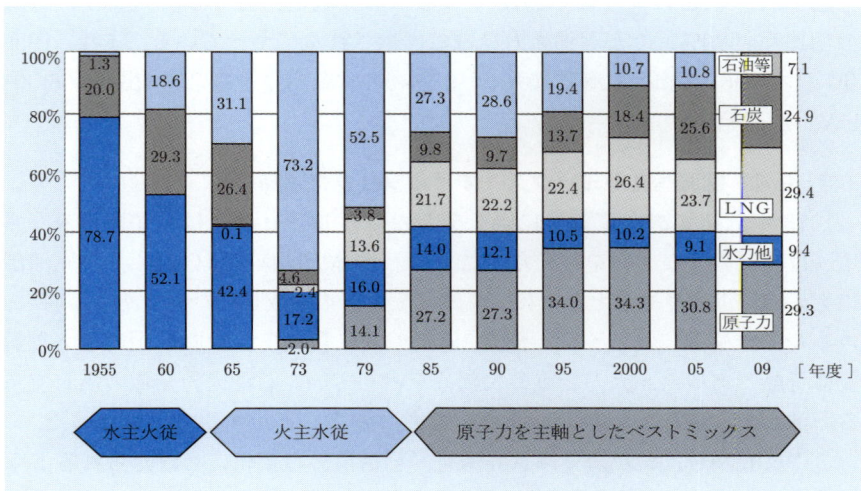

図1.1 日本における電源設備比率の推移

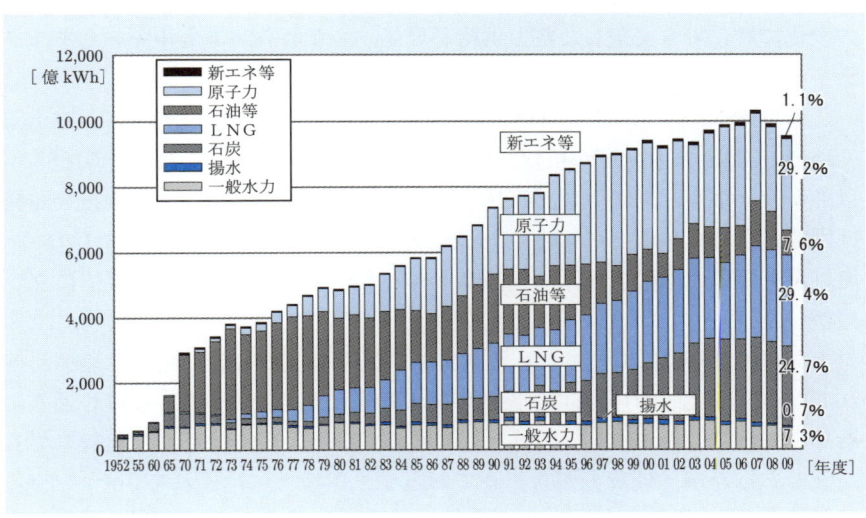

図1.2 日本における電源別発電電力量の推移
（出典）エネルギー白書 2010 年

図1.1, 1.2のように，1970年ごろには発電電力量で60%近くが，電源設備比率で70%近くが石油火力発電で供給されるに至っている．また，1966年，日本原子力発電 東海発電所でわが国初の営業用原子力発電（出力166,000 kW）が開始された．

1.1.4 電源ベストミックス―オイルショック以降

1973年，第4次中東戦争に端を発したオイルショックはわが国のみならず，世界に大きな影響を与えた．これは石油輸出国機構（OPEC）が原油価格を大幅に上昇させるとともに，産出量を大きく削減したためである．特に，エネルギー資源に乏しく，石油を100%輸入に頼っていたわが国に与えた影響は苛酷であった．火力発電の大部分を占めていた石油火力発電の燃料である石油が必要量輸入できないため，電力は大きく不足することになった．

この反省から，わが国では世界情勢，経済情勢の変化にも耐えられるよう**電源ベストミックス**を目指すこととなった．すなわち図1.1にみられるように，特定のエネルギー源に偏った発電方式に頼るのでなく，さまざまなエネルギー源の発電方式をバランスよく保有することで，世界情勢，経済情勢の変化に対しても安定した電力供給が可能，すなわち，**エネルギーセキュリティー**を確保することができるのである．

これ以降，原子力発電，石炭火力発電，LNG（液化天然ガス：Liquefied Natural Gas）火力発電が積極的に導入された．逆に石油火力発電は1985年以降新設はなく，また，水力発電に関しても揚水発電を除いて，大規模な開発は困難となっている．このうち石炭火力発電はそれまでの国内炭ではなく，海外炭を用いるもので，原油価格の上昇とも相まって，経済的に優位に立つに至った．

また，火力発電においては，電気集塵装置をはじめとした環境対策がとられている．LNG火力発電は，天然ガスの輸送に適したように $-200℃$ 近くに冷却して液化したLNGを燃料としたもので，導入当時は石油と比較しても高価であったが，硫黄分が含まれておらず，環境性には優れていた．なお，近年は低 CO_2 排出量といった環境性や経済性に優れた高効率な**コンバインドサイクル**（combined cycle）**発電**の燃料として注目を浴びている．

1.1.5 電気事業の成熟期—地球温暖化への対応

1990年代中期以降，わが国のピーク電力需要は夏季の温度による影響はあるものの，ほとんど増加しない，すなわち成熟期に入ってきた．

一方，そのころから温暖化効果ガス，特にCO_2による**地球温暖化**が世界的に危惧され，京都議定書にみられるように，先進各国がCO_2排出量の削減に取り組んでいる．

エネルギーセキュリティー確保とCO_2排出量削減の両立を目指して，CO_2を排出せず，多量の燃料を消費しないため準国産エネルギーとみなされる原子力発電と自然エネルギーを利用した**再生可能電源**の大量導入を柱としたエネルギー計画が策定されている．

このように従来からの**経済性**（Economy）と**安定供給**（Energy security）に加えて，**環境性**（Environment）も含めた **3E** のバランスを考慮した発電方式を考えることが大事である．

注意 福島第一原子力発電所の事故により，エネルギー政策の見直しが行われた．原子力発電のさらなる安全性（Safety）向上を大前提に，3E のバランスを念頭に置く 3E＋S が重要である．

1.2 地球温暖化対策

わが国においては，電気事業が CO_2 排出全体に占める割合は約 30% と大きく，発電において CO_2 を削減することは非常に重要である．

前節で説明したように，CO_2 を排出しない原子力発電，再生可能電源，さらには水力発電の導入は必要不可欠である．一方，これらのみで電力供給を賄うことはできず，火力発電も必要不可欠である．CO_2 排出が避けられない火力発電の CO_2 排出削減方法としては以下がある．

1.2.1 発電効率向上

わが国の火力発電設備の熱効率の変遷を図1.3に示す（図の熱効率は高位発熱量基準．高位発熱量と低位発熱量については，3章を参照のこと）．わが国の火力発電の熱効率は世界的にみてもトップクラスである．近年の熱効率の向上はガスタービンと蒸気タービンを組み合わせたコンバインドサイクル発電の導入によるもので，汽力発電（水蒸気を用いた火力発電）の効率は 40% 強とほぼ飽和している．

いずれにしろ，熱効率が向上すれば，同じ燃料を燃やしても，より多くの

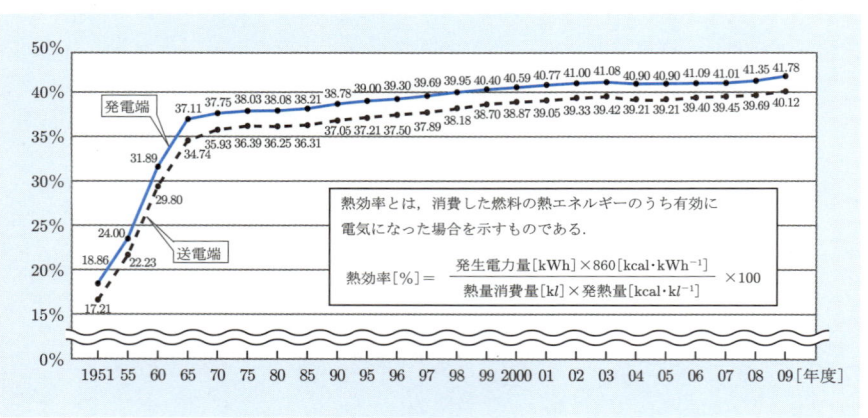

図1.3　わが国の火力発電設備の熱効率変遷
　　　　（出典）電気事業連合会「図表で語るエネルギーの基礎 2010-2011」

電力を発生することができる．すなわち，同じ電力を発生するのに少ない燃料で済むので，結果的に CO_2 を削減できることになる．わが国の火力発電の効率 1%向上でわが国の総排出量の約 2%の CO_2 を削減できると試算されている．

1.2.2 燃料の転換

石炭，石油，ガスなどの化石燃料はその成分が異なる．石炭はほとんどが C であるのに対し，石油，ガスは C 以外にも H を多く含んでいる．このため発熱量あたりの排出される CO_2 を比較すると，石炭から石油への転換で約 23%，石油からガス（LNG）への転換で約 28%削減される．

特に，LNG を用いたコンバインドサイクル発電は熱効率も高く，経済性，環境性の点からも非常に有利である．ただ，前節で説明したように，エネルギーセキュリティーを考慮した電源ベストミックスの観点からはガス（LNG）の比重を大きく高めることは望ましくないことに留意すべきである．

なお，これら以外にも，再生可能電源の導入，化石燃料の燃焼排ガスから CO_2 を分離回収し貯留する CCS（詳細は章末のコラム参照）やエネルギー利用の効率化など，CO_2 排出量削減のためには広範な取組みが必要である．

1.3 再生可能電源

再生可能電源とは，一般的に自然エネルギー，新エネルギーを用いた以下の電源を指す．

水力，太陽光，太陽熱，風力，地熱，波力，
潮汐力，温度差，バイオマス，…

水力については，小規模水力のみを再生可能エネルギーに含めて，大規模水力を含めないなど，国，地域によって定義が異なることもある．

いずれにしろ，再生可能電源は，バイオマスを除いて発電にあたってCO_2を排出しない．しかも，エネルギー資源を持たないわが国では，国産エネルギーとして，エネルギーセキュリティー上，非常に重要である．一方，自然エネルギーのエネルギー密度は低く，出力は安定しないという欠点もある．

再生可能電源で，世界的にみて普及しているのが，風力，太陽光，太陽熱，地熱，バイオマス発電である．

太陽熱，地熱発電はそれぞれ太陽熱，地熱により蒸気を発生し，これによりタービンを回転させるという火力発電と類似の方式で発電するものである．太陽熱発電は，わが国では，サンシャイン計画で実証研究が行われたが，効率の低さから開発はストップしている．しかし，海外では開発が進められ，アメリカでは砂漠地帯で多数の太陽熱発電所が建設，あるいは計画されている．

一方，火山国であるわが国では，地熱発電は古くから開発が進められており，東北，九州にいくつかの発電所が建設されている．ただ，適地が国立公園内に多いこと，あるいは温泉地に近いこともあり，必ずしも十分に開発が進められているとはいえない状況である．

再生可能電源の発電コストは，火力発電，原子力発電などの在来電源の発電コストと比較してかなり高価である．このため再生可能電源のさらなる普及にあたっては，固定価格での買い取り（**固定価格買い取り制度：フィードインタリフ (Feed-in Tariff)**）などの仕組作りが必要不可欠である．

1.3 再生可能電源

1.3.1 風力発電

風力発電は，風のエネルギーを風車により回転エネルギーに変え，発電機を回転させることで発電するものである．

効率化を目指して，単機容量は増大しており，10 MW（1万 kW）を超えるものも開発されている．

わが国の場合，風力発電の適地が北海道，北東北，九州と偏在していることもあり，電力系統に与える影響から導入量に上限値が設定されている．2010年現在，245万 kW の発電設備が運転されている．一方，海外，特にヨーロッパではさらに風力発電の適地を目指して**洋上風力**と呼ばれる，遠浅の海に風力発電設備が建設されている．2008年末で，全世界で 9,200万 kW の発電設備が運転されており，そのうち 140万 kW が洋上風力である．

風力発電の方式としては，風車のピッチ（羽の角度）を変えることで回転速度を一定に保つ固定速型の誘導発電機を用いた方式が当初は主流であった．しかし，風力エネルギーを効率よく利用できないこと，後述の可変速型のコストが下がってきたこともあり，近年の大規模風力発電所（**ウインドファーム**と呼ばれる）では可変速型が中心となっている．

可変速型では，風力エネルギーを最高効率で利用できるよう風速に応じて風車の回転速度が変化する．可変速型の発電方式として2通りある．

- 一つは**同期発電機**（最近では永久磁石を界磁に用いたものが多い）で発電し，回転速度に応じて変化する周波数をインバータで系統周波数に合わせる方式．
- もう一つは**巻線型発電機**を用い，界磁を低周波交流で励磁することで，回転速度の変化に対しても発電周波数が系統周波数に等しくなるように調整する方式．

両者は経済性，効率を含めて一長一短である．

1.3.2 太陽光発電

太陽光発電とは太陽電池を用いて光のエネルギーを光起電力効果により電気エネルギーに直接変換する方式である．わが国のメーカーは太陽電池の商用化に力を入れていたこともあり，長らく生産量，設置量ともに世界一を誇ってきた．しかし，近年は，海外での太陽光発電導入助成の強化もあり，

生産量の相対的ポジションは大きく低下している．また，設置量についても，2008 年末で，ドイツの 534 万 kW，スペインの 335 万 kW に次ぎ，214 万 kW である．

わが国では，風力発電と異なり，太平洋側を中心に広範囲に日射量が期待できるため，多量の設置が期待されている．

太陽光発電装置は**太陽電池**と**パワーコンディショナー**で構成される（表1.1）．

太陽光発電は個人住宅に設置されることが想定されるため，多量に導入されると住宅需要家から電力が配電系統に流れる逆潮流という現象が生じ，配電系統の電圧が上昇する可能性がある．このため配電系統側での新たな対策が必要になる．

表1.1 太陽光発電装置の構成

太陽光発電装置	太陽電池	太陽電池に光が当たると，日射強度に応じて発電する．	シリコン系	結晶系―発電効率に優れ，現在最も多く生産されている．
				非結晶質系―将来の低価格化が期待されている．
			化合物半導体系	発電効率が高いが高価であるため，宇宙用など特殊用途に用いられることが多い．
	パワーコンディショナー	太陽電池で発電された直流電力を交流に変換するのが最大の目的である．また，日射量に応じて太陽電池からの発電電力を最大にするように出力電圧を制御する**最大電力点追従制御**(**MPPT** : Maximum Power Point Tracking) 機能も持っている．		

1.3.3 バイオマス発電

バイオマスとは生物由来の資源を意味する．バイオマスには，畜産糞尿などの動物系資源と木質廃材やわら屑などの植物系資源がある．一般に

- 動物系資源については，発酵によってメタンを生成し，それを燃焼することでエネルギーとして回収する．
- 植物系資源については，直接燃焼してエネルギーとして回収する．

この両者で回収された熱は，火力発電と類似の方式で発電に用いられることが多い．

一般の廃棄物（ごみ）は大部分が食物残渣をはじめとするバイオマスと考えられているが，地域によっては燃やされるプラスチックをはじめとする化石燃料由来の廃棄物はバイオマスから除かれる．

バイオマス資源を燃焼する際には，CO_2 を排出する．しかし，この CO_2 はその生物が成長する過程で大気中から吸収したものを大気中に戻しているだけで，大気中の CO_2 は長期的には増加しているわけではない．このためバイオマスは**カーボンニュートラル**な資源と呼ばれる．

バイオマスも他の自然エネルギーと同様，国産エネルギーとして重要であるが，エネルギー密度は低く，その収集に必要なエネルギーも考慮する必要がある．また，近年はバイオ燃料と呼ばれる植物から発酵で作られた燃料が自動車をはじめ，航空機にまで用いられるようになっている．ただ，大部分の原料はトウモロコシなど食料として用いられるもので，食料と燃料のバランスを注意深くとる必要がある．

● CCS ●

地球温暖化防止のためには CO_2 の排出削減は不可欠である．しかしながら，CO_2 を排出しない原子力発電や水力発電，再生可能電源のみでは安定的に電力を供給できず，やはり火力発電は必要である．そこで，燃焼ガスに含まれる CO_2 を分離回収して取り除くというアイデアが CCS（Carbon Dioxide Capture and Storage system：二酸化炭素分離・貯留システム）である．

CCS では，化学的方法である吸収法や CO_2 透過膜を用いた膜分離法などで排ガスから CO_2 を分離する．現在，大規模な分離方法が世界中で実証されている．

次に分離された CO_2 を貯留地点まで輸送する．最も簡単な方法はパイプラインの利用である．

最後に CO_2 の貯留である．貯留場所としては深海も検討されたが，海洋法で海中投棄が禁止され，現在は地中への貯留が検討されている．ただし，長期にわたって漏れ出さないことが必要である．

CCS の実証が最も進んでいるのが英国である．英国とノルウェーの間の北海油田は枯渇しかけている．そこで油田と陸地を結ぶパイプラインを用いて陸地から分離された CO_2 を油田に輸送し，貯留するのである．この際，圧力をかけて貯留するので，石油が 10～15％程度増産可能となるメリットもある．石油は地質学的に強固な岩盤の下に存在するので，そこに圧力をかけて CO_2 を貯留しても，そこから漏れ出すことはない．実際，10 年以上にわたって，漏洩は認められていない．

わが国では，関西電力で吸収法による実証試験が行われている．また，小規模ながら新潟や北海道で貯留の試験も行われている．基本的にブレークスルーすべき技術は特になく，低コスト化が最大の課題である．ただ，長期的にみた環境影響評価は必要であろう．

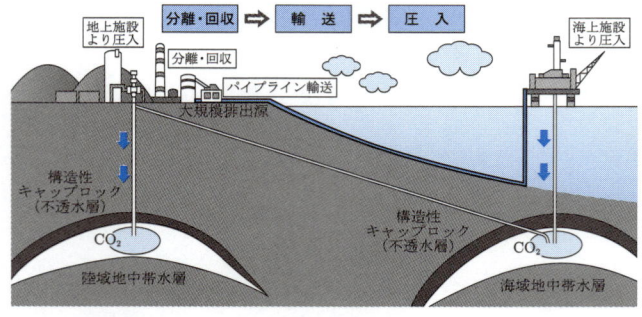

CO_2 貯留技術の概念　（出典）中央環境審議会 環境部会資料 2006 年

1章の問題

☐ **1.1** 昭和 30 年代から 40 年代のわが国の高度経済成長期に石油火力発電が果たした役割について説明せよ．

☐ **1.2** 電源の 3E に関して，国内にエネルギー資源を豊富に持つ国とそうでない国でどのような差が生じるか考えよ．

☐ **1.3** 再生可能電源の大量導入を進めるにあたって，注意すべき点は何か考えよ．

第2章

水力発電

　水力発電は，水の位置エネルギーを水車の運動エネルギーに変換し，これを発電機により電力に変換する発電方式である．

　本章では，水力学について概説した後，降水からダム，水圧管路，発電所など，水の流れに沿って各プロセスを説明していく．

　また，発電機についての水力，火力，原子力共通事項は本章で説明している．

　（口絵2に水力発電所，口絵3に揚水発電所を掲載）

2.1 水のエネルギー

2.1.1 水 圧

図2.1のように，静止している水において，水面から深さ h [m] にある微小面を考える．この面に働く圧力 p [Pa] は面に垂直で，その大きさは面の方向によらず同じであり，水面からの深さに比例する．すなわち水の密度を ρ [kg·m^{-3}]，重力加速度を g [m·s^{-2}] とすれば

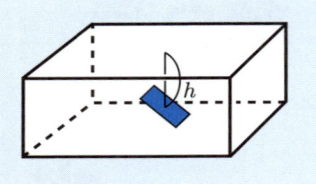

図2.1

$$p = \rho g h \tag{2.1}$$

となる．これを**水圧**という．

■ **例題2.1** ■

図2.2のように，高さ h の直方体の容器に水を満たしたとき，底面より z の点の側面が受ける水圧を求めよ．また，側面の幅単位長あたりの全水圧，および水圧の中心の底面からの距離を求めよ．

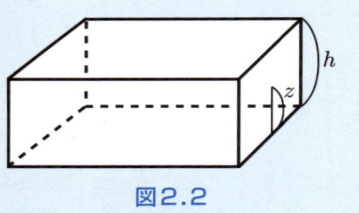

図2.2

【解答】 求める水圧を $p(z)$ とすると式 (2.1) より

$$p(z) = \rho g (h - z)$$

全水圧 P_0 は

$$P_0 = \int_0^h p(z) dz = \frac{1}{2} \rho g h^2$$

水圧の中心の底面からの距離 h_0 は，水圧で重み付けした平均の高さなので

$$h_0 = \frac{\int_0^h z p(z) dz}{\int_0^h p(z) dz} = \frac{\frac{1}{6} \rho g h^3}{\frac{1}{2} \rho g h^2}$$
$$= \frac{1}{3} h$$

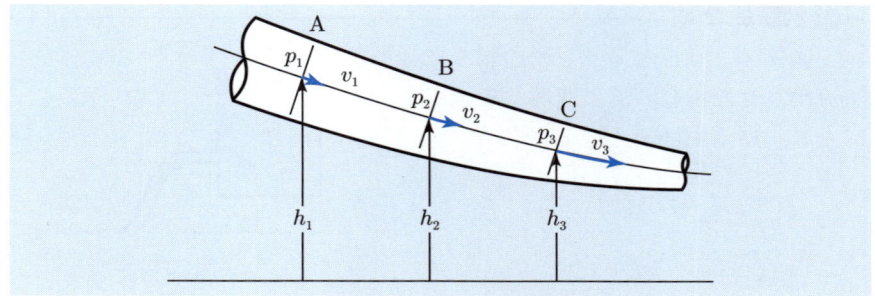

図2.3 ベルヌーイの定理

2.1.2 ベルヌーイの定理

図2.3に示すように，管路の各点の流速 v が時間とともに変化しないで流れる水（**定常流**という）は，管路に摩擦などの損失がなければ式 (2.2) が成り立つ．

$$\rho g h + \frac{1}{2}\rho v^2 + p = 一定 \tag{2.2}$$

ここで，第1項，第2項，第3項は，それぞれ水単位体積あたりの位置エネルギー，運動エネルギー，圧力エネルギーである．式 (2.2) は，この3つのエネルギーの和が保存され，管路を通して一定であることを意味している．これを**ベルヌーイの定理**という．

式 (2.2) の両辺を ρg で割ると

$$h + \frac{v^2}{2g} + \frac{p}{\rho g} = 一定 \tag{2.3}$$

となり長さの単位となる．第1項，第2項，第3項を，それぞれ**位置水頭** (potential head)，**速度水頭** (velocity head)，**圧力水頭** (pressure head) といい，合計したものを**全水頭** (total head) という．ここで**水頭** (water head) とは，水の高さの意味である．

また，管路中の流量 Q の連続性から管路の断面積を S とすると

$$Q = vS = 一定 \tag{2.4}$$

が成り立つ．

■ 例題2.2 ■

図2.4のように，タンクの水をノズルで流出させた場合の流出速度 v を求めよ．ただし，$H = 10\,[\mathrm{m}]$ とする．

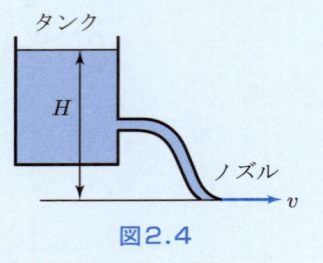

図2.4

【解答】 タンクの水面とノズルの地点の圧力はともに大気圧 p と等しい．また，タンクの水面の流速は，タンクの断面積が十分大きいときは0としてよいので，ベルヌーイの定理（式 (2.2)）より

$$\underbrace{\rho g H + p}_{\text{水面}} = \underbrace{\frac{1}{2}\rho v^2 + p}_{\text{ノズル}}$$

これより　　　$v = \sqrt{2gH} = \sqrt{2 \times 9.8 \times 10} = 14\,[\mathrm{m \cdot s^{-1}}]$ ■

■ 例題2.3 ■

図2.5のような管路において，断面積 S_A の点の流速が v_A，断面積 S_B の点の流速が v_B，2点間の圧力差が $p_\mathrm{A} - p_\mathrm{B}$ である．このとき，この管路の流量を求めよ．

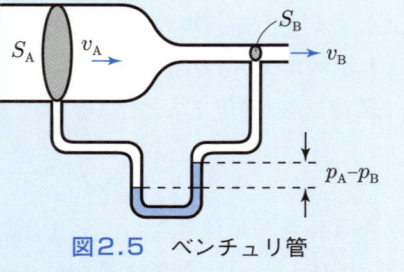

図2.5 ベンチュリ管

【解答】 ベルヌーイの定理（式 (2.2)）より，2点の高さは同じなので

$$\frac{1}{2}\rho v_\mathrm{A}^{\,2} + p_\mathrm{A} = \frac{1}{2}\rho v_\mathrm{B}^{\,2} + p_\mathrm{B}$$

求める流量を Q とすると，流量の連続性（式 (2.4)）から

$$v_\mathrm{A} S_\mathrm{A} = v_\mathrm{B} S_\mathrm{B} = Q$$

これより $v_\mathrm{A} = \frac{Q}{S_\mathrm{A}}$，$v_\mathrm{B} = \frac{Q}{S_\mathrm{B}}$ なので

$$p_A - p_B = \frac{1}{2}\rho(v_B{}^2 - v_A{}^2) = \frac{1}{2}\rho Q^2 \frac{S_A{}^2 - S_B{}^2}{S_A{}^2 S_B{}^2}$$

よって

$$Q = S_A S_B \sqrt{\frac{2(p_A - p_B)}{\rho(S_A{}^2 - S_B{}^2)}}$$

これは流量測定のためのベンチュリ（Venturi）管の原理である．

2.1.3 水の仕事

水力発電は，水の位置エネルギーを**水車**（hydroturbine）の回転エネルギーに変換し，これを発電機により電気エネルギーに変換する発電方式である．

水の位置エネルギーを水車で利用するまでには，管路を流れるときの水の粘性などによりエネルギーの損失がある．これを**管路損失**といい，式 (2.3) の各項と同様に，水頭で表したものを**損失水頭**（head loss）という．

このため，水車への入力 P_W [kW] は，実際の落差（**総落差**，gross head）から損失水頭を差し引き，さらに，後述の衝動水車はノズルの位置水頭，反動水車は吸出し管出口の速度水頭を差し引いた**有効落差**（effective head）を H [m]，毎秒使用する水量を Q [m$^3 \cdot$ s^{-1}]，水の密度を $\rho = 1000$ [kg $\cdot$ m^{-3}]，重力加速度を $g = 9.8$ [m $\cdot$ s^{-2}] とすると

$$P_W = \rho g H \times Q \times 10^{-3} = 9.8 Q H \text{ [kW]} \tag{2.5}$$

で与えられる．

発電機出力 P [kW] は，これに水車効率 η_W，発電機効率 η_G を乗じて

$$P = \eta_W \eta_G P_W \text{ [kW]} \tag{2.6}$$

で与えられる．$\eta = \eta_W \eta_G$ を**発電総合効率**という．

■ 例題2.4 ■

有効落差 100 m，使用水量 15 m$^3 \cdot$ s^{-1} の水力発電所の出力を求めよ．ただし，水車効率を 90%，発電機効率を 98% とする．

【解答】 式 (2.5)，式 (2.6) より，出力 P は

$$P = 0.90 \times 0.98 \times 9.8 \times 15 \times 100 = 13000 \text{ [kW]}$$

2.2 河川流量

2.2.1 降水と流出

ある地域の雨，雪などの**降水**（precipitation）が河川に流出するとき，その全域をその河川の**流域**といい，その面積を**流域面積**（catchment area）という．河川への流出の大部分は，降水が地面の浸透能力を超え，地表面から直接河川に流れ込む場合であるが，いったん，地下に浸透した後，徐々に湧き出し，河川に流れ込む場合もある．

一定期間における降水量に対する流出量の比を**流出係数**（run-off coefficient）という．

$$流出係数 = \frac{流出量}{降水量} \tag{2.7}$$

流出係数は40～70%程度であり，耕地が多く，降水量の少ない地域では小さく，降水量の多い山岳森林地域では大きい．

2.2.2 河川流量

河川流量とは，河川の横断面を単位時間に通過する水の量をいい，一般に$m^3 \cdot s^{-1}$で表す．

1年を通じての河川流量の変化を表す方法として，**水位流量図**と**流況曲線**（discharge duration curve）がある．

- 水位流量図は毎日の水位とそれに対応した流量をグラフ化したもの．
- 流況曲線は**図2.6**のように毎日の流量を大きさの順に並べたもの．

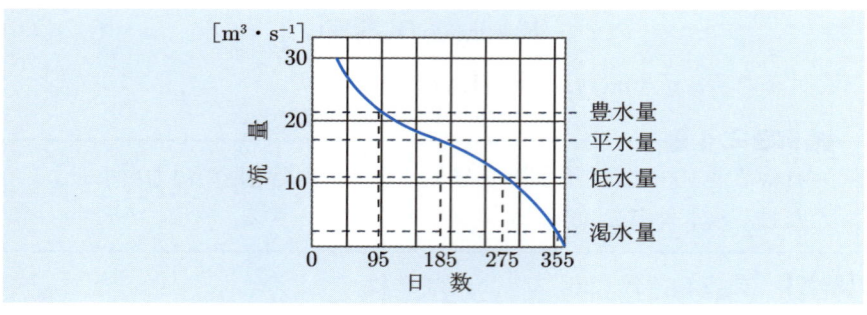

図2.6 流況曲線

2.2 河川流量

年間の河川流量は次のように区分されており，流況曲線により簡単に求めることができる．

(1) 豊水量　1年のうち 95 日はこれを下回らない流量
(2) 平水量　1年のうち 185 日はこれを下回らない流量
(3) 低水量　1年のうち 275 日はこれを下回らない流量
(4) 渇水量　1年のうち 355 日はこれを下回らない流量

また，流況曲線は水力発電所計画における設備容量の検討に用いられる．

■ **例題 2.5** ■

図 2.7 のような流況曲線の河川において，例題 2.4 の水力発電所を建設する場合，
(1) 年間発電電力量，
(2) 年間発電所利用率
はどのようになるか．ただし，最大使用水量は $15\,\mathrm{m^3 \cdot s^{-1}}$ とする．

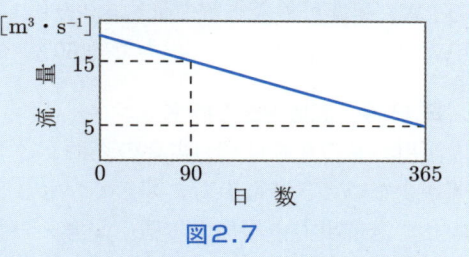

図 2.7

【解答】　(1) 年間発電電力量

発電出力曲線は図 2.8 のようになり，年間発電電力量は斜線部の面積となる．

$$\left\{13000 \times 90 + \frac{1}{2}(13000 + 4333) \times (365 - 90)\right\} \times 24 \times 10^{-3}$$
$$= 85300\,[\mathrm{MWh}]$$

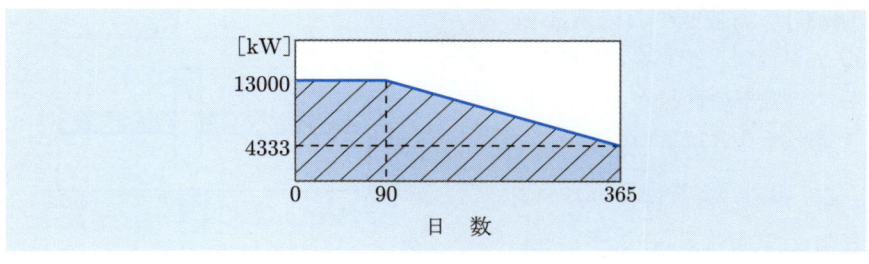

図 2.8

(2) 年間発電所利用率

実際の年間発電電力量に対する最大出力での年間発電電力量の比であり，1年は8,760時間なので，

$$\frac{85300}{13 \times 8760} \times 100 = 75\%$$

2.2.3 包蔵水力

包蔵水力（water power resources）とは，水資源のうち，技術的，経済的に利用可能な水力エネルギーをいう．平成21年3月末現在，最大出力約4,600万kW，年間可能発電電力量約1,360億kWhであるが，それぞれ約2,750万kW，約946億kWhと，出力で約60%，電力量で約70%が開発されている．

2.2.4 流量調整と貯水

河川流量の変動は電力需要の変動と必ずしも一致していないため，電力需要が少ないとき発電出力を抑えて貯水し，電力需要の多いときに貯水分とあわせて発電出力を増加する運用が考えられる．

河川流量を日間あるいは週間単位で調整する目的の池を**調整池**（regulation reservoir）といい，年間単位で調整する目的の池を**貯水池**（storage reservoir）という．

■ **例題2.6** ■

常時使用水量 $10\,\mathrm{m^3 \cdot s^{-1}}$，ピーク時使用水量 $20\,\mathrm{m^3 \cdot s^{-1}}$，ピーク継続時間2時間の発電所に必要な調整池容量を求めよ．ただし，調整池への流入量は一定とする．

【解答】 調整池への流入量を $Q\,[\mathrm{m^3 \cdot s^{-1}}]$ とすると，図2.9の斜線部の面積が Q の上下で等しくなればよいので

$(Q - 10) \times 22 = (20 - Q) \times 2$

より $Q = 10.83\,[\mathrm{m^3 \cdot s^{-1}}]$

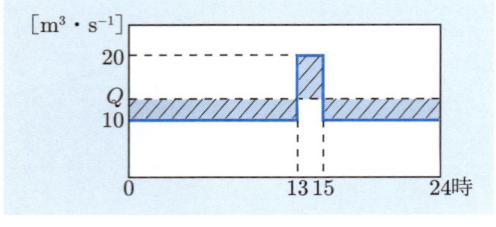

図2.9

よって，調整池容量 $C\,[\mathrm{m^3}]$ は Q の上または下の面積となるので，

$$C = (Q - 10) \times 22 \times 60 \times 60 = 66000 \,[\mathrm{m^3}]$$

■ **例題2.7** ■

図2.10のような流量積算曲線（河川流量を年間を通じて積算した曲線）の河川に貯水池を持つ発電所がある．発電所の使用水量を毎月3,000万 $\mathrm{m^3}$ とするために必要な貯水池容量を求めよ．

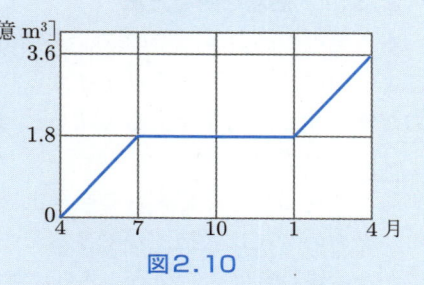

図2.10

【解答】 図2.11は流量積算曲線と使用水量積算直線をあわせたものである．

流量積算曲線の傾きが，使用水量積算直線の傾きより小さい場合（7～1月）は，流入する流量より使用水量が多く，貯水量が減少するときである．一方，大きい場合（4～7月と1～4月）は，貯水量が増加するときである．

図2.11で，流量積算曲線の傾きが，使用水量積算直線の傾きより大きい区間から小さい区間に変わる点（7月）で，使用水量積算直線に平行線（破線）を引く．この平行線と流量積算曲線との差の最大値が求める貯水量である．よって，

$$3.6 - 1.8 = 1.8 \,[\text{億 } \mathrm{m^3}]$$

となる．

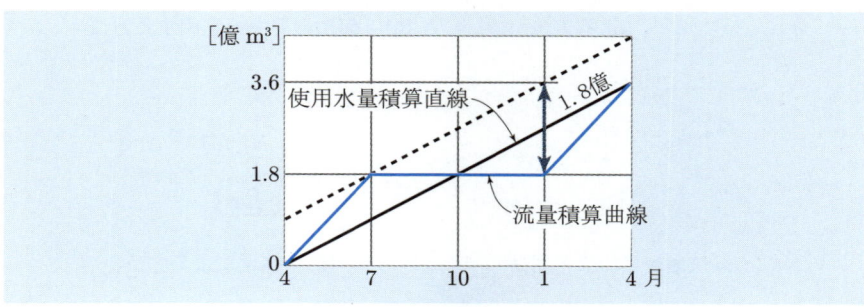

図2.11

2.3 水力発電の方式

2.3.1 落差を得る方法

水力発電の出力は，式 (2.5)，式 (2.6) のように使用水量と落差（有効落差）によって決まる．河川流量が与えられている場合には，落差が大きいほど出力が増大する．落差を大きくするには図2.12のような方法がある．

(1) ダムによる方法

河川の適当な地点をダムでせき止めて貯水し，水位を上昇させる方式である．ダムの背後に人造湖ができるため，発電運用の利点が増すが，土木工事にかかる建設費は高くなる．さらに**背水**（back water）による上流地域の水没を伴う．落差を大きくするため，(2), (3) の方法と組み合わせることもある．

(2) 河川の屈曲を利用する方法

屈曲の多い河川の上流地点と下流地点を勾配の緩やかな直線状の水路で結び，落差を得る方式である．一般に高落差を得ることができ，建設費が抑えられる．

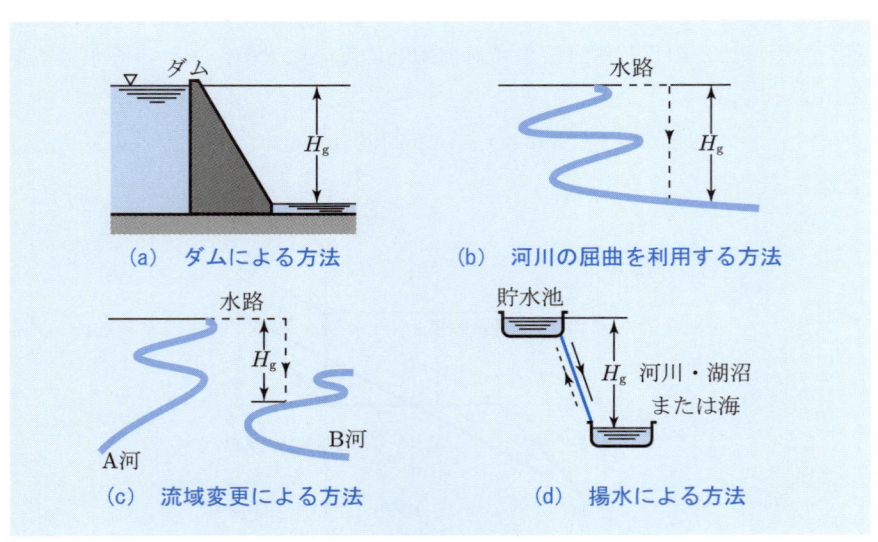

図2.12　落差を得る方法（H_g：総落差）

(3) 流域変更による方法

接近した2つの河川間に大きな高低差があるとき，分水嶺を越えて水路で結び，落差を得る方式である．標高の高いほうの河川の下流地域の水利権に対する考慮が必要となる．

(4) 揚水による方法

高所に貯水池（上池）を設け，河川や湖沼，海水（下池）の水をポンプで汲み上げて，落差を得る方式である．電力系統の需給は，一般に夜間に余裕ができるため，この余剰電力を利用して揚水し，昼間の需要ピーク時に発電することにより，供給力の増大を図ることができる．

2.3.2 落差を得る方法による発電所の分類

ダム式，水路式，ダム水路式，揚水式がある．図2.13～図2.16に各発電所の概観図を示す．

(1) **ダム式発電所** ダムによって落差を得る方式の発電所であり，2.3.1項(1)に対応する．

(2) **水路式発電所** 水路によって落差を得る方式の発電所であり，2.3.1項(2)または(3)に対応する．

(3) **ダム水路式発電所** ダムおよび水路によって落差を得る方式の発電所であり，2.3.1項(1)，および(2)または(3)の組合せに対応する．

(4) **揚水式発電所** 電力系統の余剰電力を利用して揚水する方式の発電所であり，2.3.1項(4)に対応する．

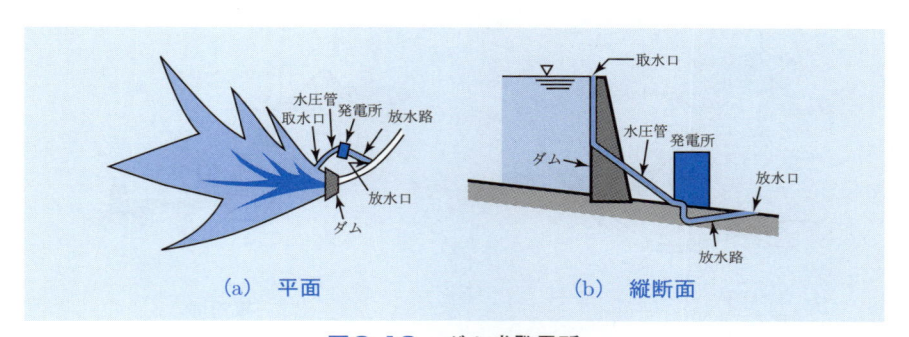

(a) 平面　　　(b) 縦断面

図2.13　ダム式発電所

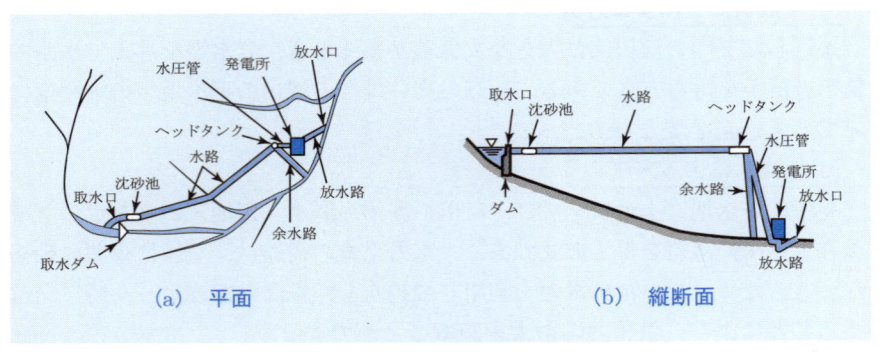

図2.14　水路式発電所

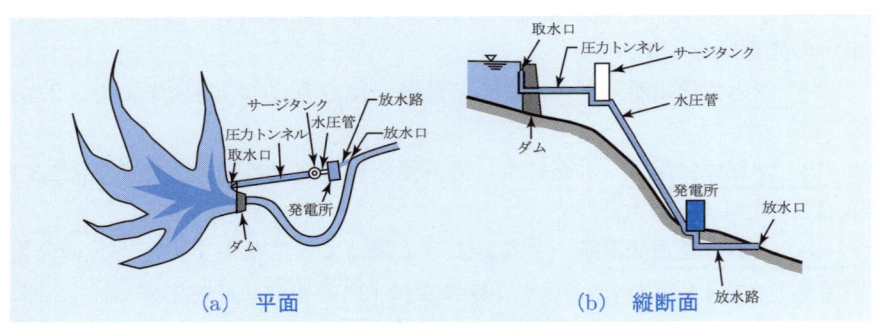

図2.15　ダム水路式発電所

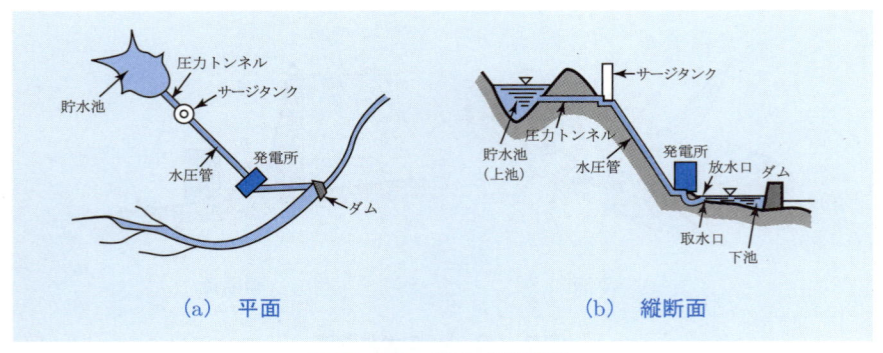

図2.16　揚水式発電所

2.3.3 運用方法による発電所の分類

電力系統では，電力需要の変動にあわせて，水力，火力，原子力などの発電所の出力分担を，全体の発電コストが経済的になるよう運用している．この運用方法により分類すると次のようになる．

(1) 流込式発電所

調整池がなく，河川流量を最大限活用するため，河川流量をそのまま発電する発電所である．このため流量の変動がそのまま出力変動となる．調整池を持たない水路式発電所がこれに相当する．

(2) 調整池式発電所

1日または数日の負荷変動に応じて，河川流量を調整池により調節して，電力需要の多くなる昼間に発電する発電所である．調整池を持つ水路式発電所がこれに相当する．

(3) 貯水池式発電所

季節的な負荷変動に応じて，河川流量を貯水池により調節して，渇水で電力需要の大きくなる夏や冬に発電する発電所である．ダム式発電所およびダム水路式発電所がこれに相当する．

(4) 揚水式発電所

深夜，休日などの軽負荷時に，燃料費の安い大容量火力などの余剰電力を用いて水車を逆回転させ，ポンプ運転とすることにより揚水する．この揚水した水を落下させ，ピーク時に揚水した水で発電する発電所である．

例題2.8

有効落差 500 m，全揚程（総落差に損失水頭を加えたもの）530 m の揚水発電所がある．水車効率 90%，ポンプ効率 87%，発電機効率 98%，電動機効率 98% とするとき，揚水発電の総合効率を求めよ．ただし，揚水発電の総合効率とは，揚水した水により発電した電力量に対する揚水に要した電力量の比である．

【解答】 有効落差を H_e，全揚程を H_p，水車効率を η_t，ポンプ効率を η_p，発電機効率を η_g，電動機効率を η_m とする．発電使用水量と揚水量は同じ（Q とする）なので，重力加速度を g とすると

$$\text{発電電力量} = QgH_e\eta_t\eta_g,$$
$$\text{揚水電力量} = \frac{QgH_p}{\eta_p\eta_m}$$

よって，揚水発電の総合効率 η は

$$\begin{aligned}\eta &= \frac{QgH_e\eta_t\eta_g}{QgH_p/\eta_p\eta_m} \\ &= \frac{H_e}{H_p}\eta_t\eta_g\eta_p\eta_m \\ &= \frac{500}{530} \times 0.9 \times 0.98 \times 0.87 \times 0.98 \\ &= 70.9\%\end{aligned}$$

2.4 水力施設

2.4.1 ダ ム

(1) 重力ダム

図2.17のように，コンクリートの自重により水圧に耐え，滑動しないようにしたものである．ダムが横転に対して安定であるためには，W をダムの自重，P を水圧とすると，図2.17における C 点でのモーメントのつり合いから

$$Pd < Ws \tag{2.8}$$

が成り立つことが必要である．

また，コンクリートは圧縮力には強いが，引張力には弱い．ダムのどの部分にも引張力が生じないためには，図2.18のように W と P の合力 R の方向が，ダムの底面を 3 等分した中央の部分に向いていることが必要である．これを**ミドルサードの条件**という．

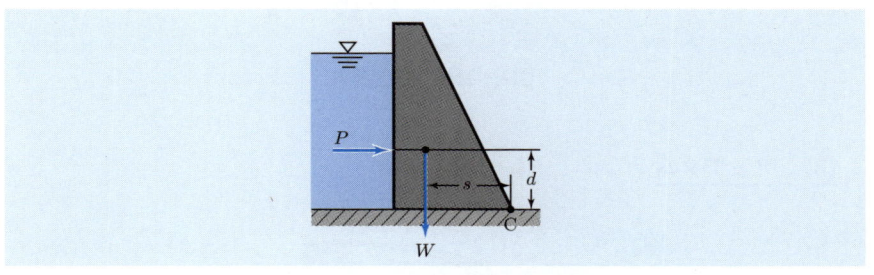

図2.17 重力ダムに働く力

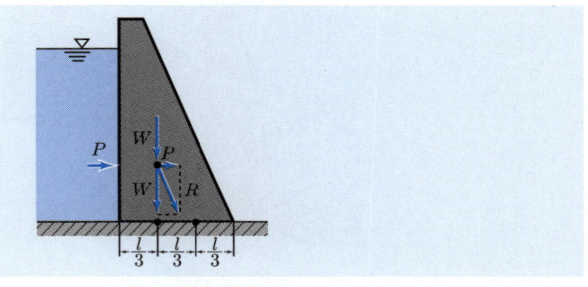

図2.18 ミドルサードの条件

(2) 中空ダム

図2.19のように，傾斜したコンクリート壁をバットレス（扶壁, buttress）で支えることにより，水圧に耐えるようにしたものである．遮水壁に加わる水圧の垂直成分によって，ダムの自重の軽さを補っており，コンクリートの量を節減できる．

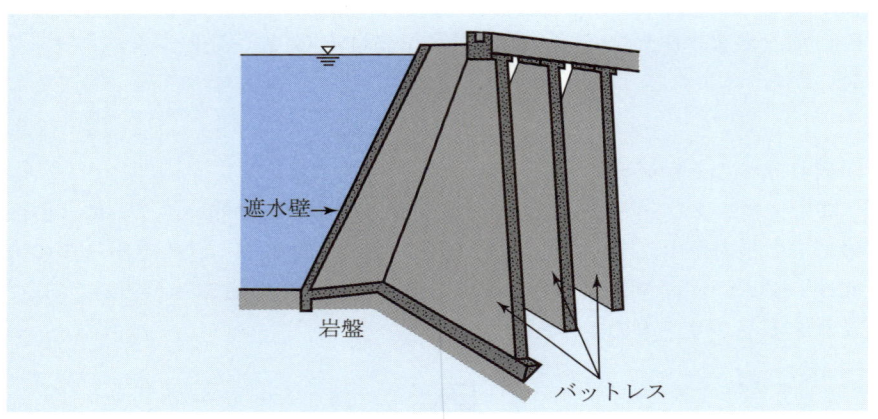

図2.19　中空ダム

(3) アーチダム

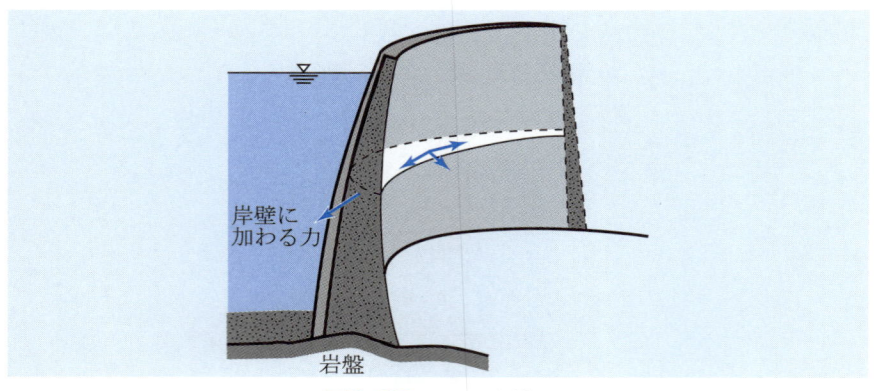

図2.20　アーチダム

2.4 水力施設

図2.20のように，アーチ形をしたコンクリート壁に垂直に加わる水圧は，アーチを圧縮する力に分解され，アーチの両側の岸壁に伝わる．コンクリートと岸壁の強度がこの圧縮力以上であれば，ダムは安定である．岸壁の強度が大きいほどアーチの厚さを薄くでき，コンクリートの量を節減できる．

(4) ロックフィルダム

図2.21のように，コンクリートの代わりに岩石を積み重ねたものであり，漏水を防ぐため，中心部には粘土の芯壁を入れる．

ダム地点の岩石を利用するため，コンクリートダムに比べて建設費が安価になる．また，ダムの越流があると直ちに決壊するため，十分な容量の洪水吐きを設けダム下流に放流する必要がある．

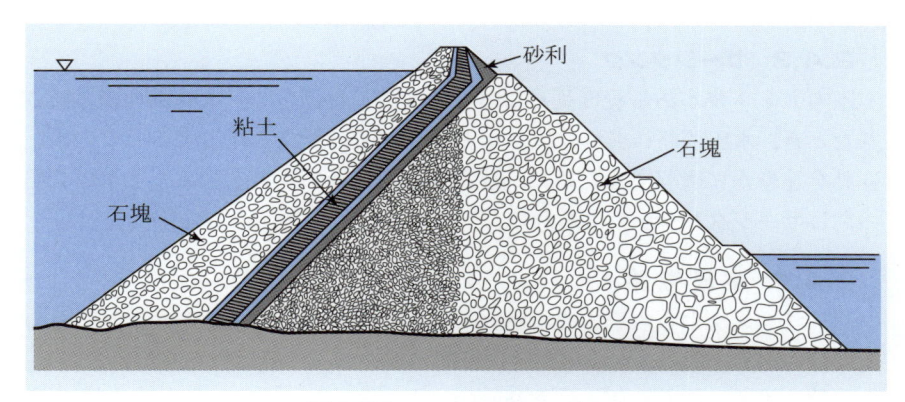

図2.21　ロックフィルダム

(5) アースダム

ロックフィルダムの岩石の代わりに粘土を主に積み重ねたものである．同様に，ダムの越流があると直ちに決壊する．

2.4.2　水　路

水路式，ダム水路式発電所では，図2.14，図2.15のように，取水口から水車につながる水圧管路までの間は，勾配の緩やかな水路（導水路ともいう）で結ばれる．調整池や貯水池を持つ発電所では，内部が水で満たされ，水圧が加わる**圧力トンネル**が用いられる．

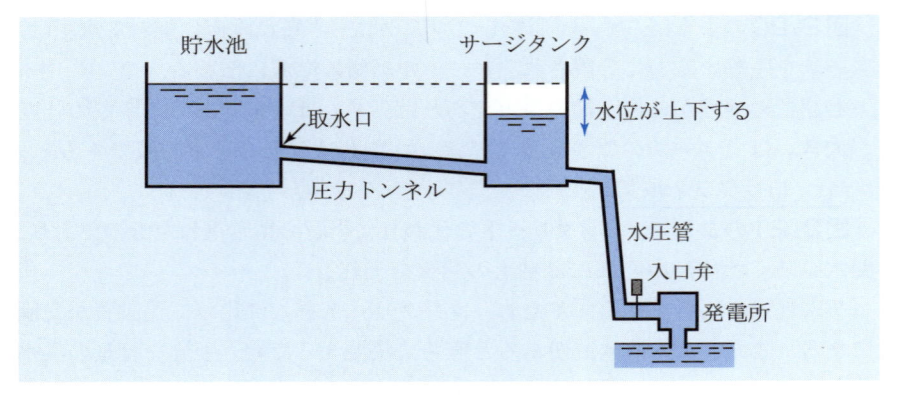

図2.22 サージタンク

2.4.3 サージタンク

圧力トンネルがある程度長くなると，水車が急停止し，水の流れが遮断されたとき，水圧管路に非常に大きな水圧が生じ，管路を往復する．この水圧変動を速やかに吸収するために，図2.22のように圧力トンネルと水圧管路の間に**サージタンク**が設けられる．

2.4.4 水圧管路

サージタンクから水車までは鋼鉄製の水圧管で結ばれているが，水車との間には入口弁を設け，水車停止時には閉じている．一般に，流速が大きいと，水圧管は細く，肉厚も薄くでき経済的であるが，管内の摩擦による損失水頭が増える．このため高落差の発電所で流速を大きくして水圧を小さくする場合もあるが，通常 $3 \sim 5\,\mathrm{m \cdot s^{-1}}$ 程度としている．

2.4.5 放 水 路

発電した後の水は，放水路を通って，発電所から河川に戻される．放水路は水路と同じ構造であるが，通常，断面を大きくして流量の変化による水位変動を小さくしている．

2.5 水車

2.5.1 衝動形と反動形

(1) 衝動水車

水圧管路の先にあるノズルから空気中に噴出させた水を，水車のランナ（runner）のバケット（bucket）に当て回転させる方式の水車を**衝動水車**（impulse hydroturbine）という．**ペルトン水車**（Pelton turbine）が代表的であるが，1000 kW 程度以下の小水力発電用には，次の (2) で説明する反動水車の特性もあわせ持つ**クロスフロー水車**（cross-flow turbine）などがある．**図2.23**に示すように，水車には圧力水頭を速度水頭にすべて変えた水が作用する．

(2) 反動水車

衝動形のノズルは，ノズル自身が噴出した水の反作用で反対方向に力を受ける．したがって，多数のノズルが1つの軸に取り付けられ，この軸の周りに回転する構造になっていれば，水の噴出方向と逆向きに回転する．この方

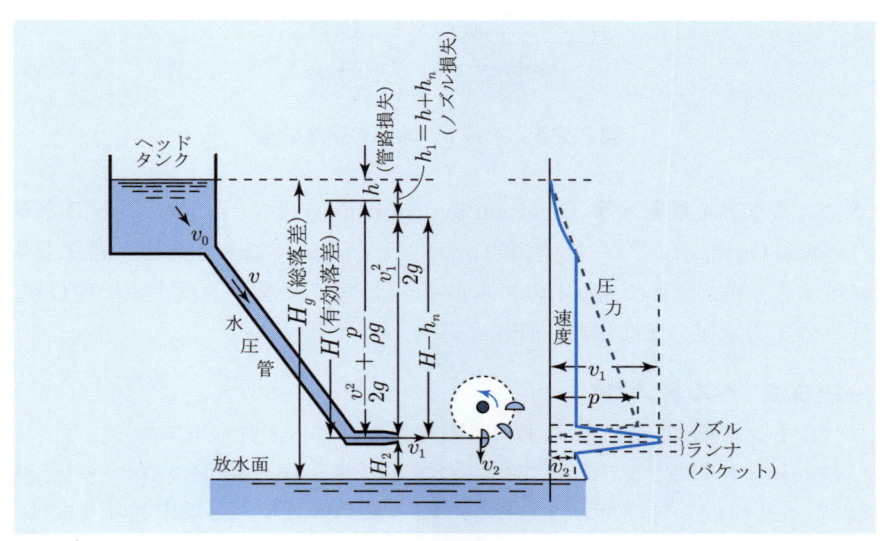

図2.23　衝動水車の流速・圧力分布

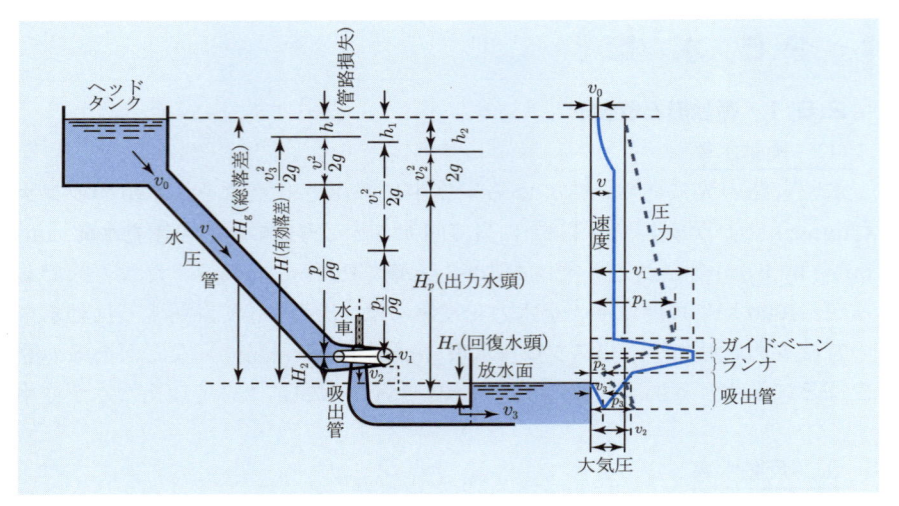

図 2.24　反動水車の流速・圧力分布

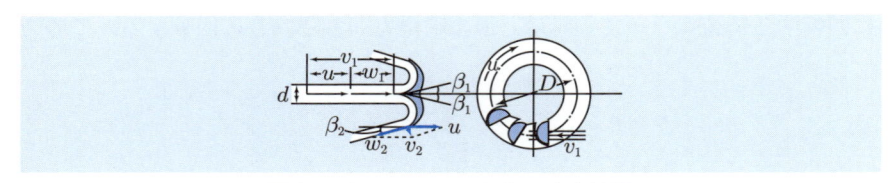

図 2.25　ペルトン水車の速度線図

式による水車を**反動水車** (reaction hydroturbine) という．フランシス水車 (Francis turbine)，プロペラ水車 (propeller turbine) などがある．図 2.24 に示すように，水車に入る水のエネルギーは，その一部が速度水頭に変わり，残りは圧力水頭のまま水車に作用する．

2.5.2　ペルトン水車

ペルトン水車は，200 m 以上の落差で適用される衝動水車である．

ペルトン水車のランナは，中央に水切りのある 16～30 個のバケットを円板 (disc) に取り付けたものである．1～6 個のノズルから噴出された水は，図 2.25 のようにバケットに当たると水切りで左右に分かれ，内面に沿って入射方向とほぼ逆向きに流出する．

2.5 水車

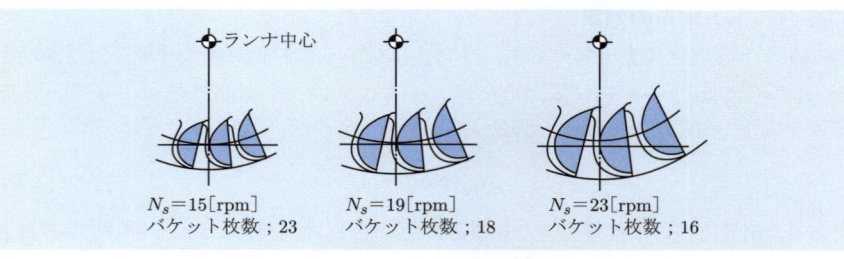

図2.26 ペルトン水車の比速度とランナ形状

(N_s=15[rpm] バケット枚数；23、 N_s=19[rpm] バケット枚数；18、 N_s=23[rpm] バケット枚数；16)

ランナの形状は 2.5.6 項で説明する**比速度**（specific speed）の大きさにより大きく変化する．図2.26 に示すように比速度（N_s）が大きくなるとともに，バケットが大きくなり，バケット枚数が減ってくる．これは同じ出力では，比速度が大きいと落差が減る分，流量を増やす必要があるからである．

ノズルは，水の圧力水頭を速度水頭に変えるもので，出力に応じてバルブを調節して流量を連続的に変える．ノズルから噴出する水の速度 v_1 [m·s^{-1}] は，ノズル効率を η_n，有効落差を H [m] とすると次式となる．

$$v_1 = \sqrt{\eta_n(2gH)} \tag{2.9}$$

■ 例題2.9 ■

有効落差 400 m の発電所における回転数 300 rpm のペルトン水車の半径を求めよ．ただし，ノズル効率を 95%，ランナの周速度はノズルの噴出速度の 45% とする．

【解答】 式 (2.9) より，$v_1 = \sqrt{0.95 \times (2 \times 9.8 \times 400)} = 86.3$ [m·s^{-1}]

よって， $u = 0.45 \times 86.3 = 38.8$ [m·s^{-1}]

周速度 u [m·s^{-1}]，回転数 N [rpm]，半径 r [m] との間には，$\dfrac{N}{60} = \dfrac{u}{2\pi r}$ の関係があるので

$$r = \frac{60u}{2\pi N} = \frac{60 \times 38.8}{2\pi \times 300} = 1.24 \text{ [m]}$$

♣ ペルトン水車の効率

バケットの周速度を u [m·s^{-1}], ランナに対する水の相対流入速度, 流出速度を w_1 [m·s^{-1}], w_2 [m·s^{-1}], 流出角を β_2, バケットに入る流量を Q [m^3·s^{-1}], 水の密度を ρ [kg·m^{-3}] とすると, 図2.25 より

$$w_1 = v_1 - u \tag{2.10}$$

であり, 円周方向の単位時間あたりの運動量の変化, すなわちバケットが受ける力 F は

$$F = \rho Q v_1 - \rho Q (u - w_2 \cos \beta_2) = \rho Q (w_1 + w_2 \cos \beta_2) \tag{2.11}$$

である. この力によりランナが u の速度で動いているので, 水車の出力 P [kW] は, $\rho = 1000$ [kg·m^{-3}] として

$$\begin{aligned} P &= Fu = \frac{\rho Q (w_1 + w_2 \cos \beta_2) u}{1000} \\ &= Q(w_1 + w_2 \cos \beta_2) u \text{ [kW]} \end{aligned} \tag{2.12}$$

水車への入力は $\frac{1}{2} \rho Q v_1^2 \big/ 1000$ [kW] であるので, 水車効率 η は

$$\begin{aligned} \eta &= \frac{\rho Q (w_1 + w_2 \cos \beta_2) u}{\frac{1}{2} \rho Q v_1^2} \\ &= \frac{2u}{v_1^2}(w_1 + w_2 \cos \beta_2) \end{aligned} \tag{2.13}$$

バケットの摩擦があるときは, 摩擦係数を σ として

$$\frac{1}{2}w_1^2 = \frac{1}{2}w_2^2 + \sigma \frac{1}{2}w_2^2 \tag{2.14}$$

となるので

$$w_2 = w_1 \big/ \sqrt{1+\sigma} \tag{2.15}$$

より

$$\eta = \frac{2u}{v_1}\left(1 - \frac{u}{v_1}\right)\left(1 + \frac{\cos \beta_2}{\sqrt{1+\sigma}}\right) \tag{2.16}$$

となる. 式 (2.16) より, $u = \frac{1}{2}v_1 = w_1$ のとき η は最大となり, 最大値は

$$\eta_{\max} = \frac{1}{2}\left(1 + \frac{\cos \beta_2}{\sqrt{1+\sigma}}\right) \tag{2.17}$$

実際の水車では他の要因もあり, $u = (0.42 \sim 0.48)v_1$ のとき, $\eta_{\max} = 0.9$ 程度となる. ♣

2.5.3 クロスフロー水車

クロスフロー水車は，落差 5〜100 m，出力 1,000 kW 程度以下の小出力発電で適用され，反動水車の特性もあわせ持つ衝動水車である．

図2.27に示すように，ランナは30枚程度の円弧状のブレード（blade）を2枚の円板で固定した円筒かご形をしている．ガイドベーンを通った水は，ランナに回転軸と垂直方向から流入し，ランナの中心部を横切り，再びランナから出て行く．ガイドベーンを幅の異なる2枚に分割し，流量にあわせて部分負荷効率を高めることが可能である．

クロスフローとは，水がランナを交差して流れる意味である．

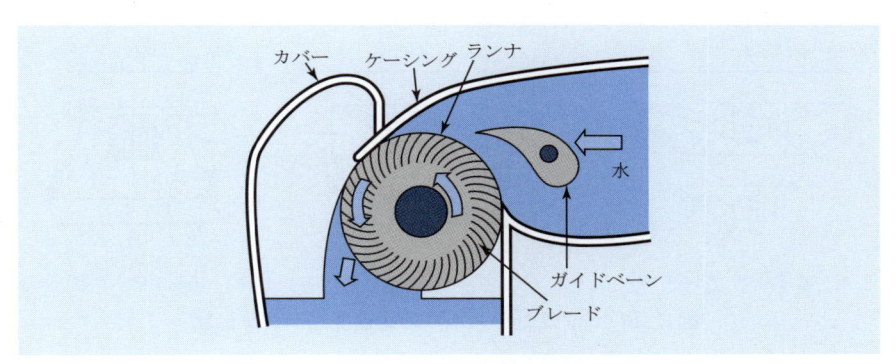

図2.27 クロスフロー水車

2.5.4 フランシス水車

フランシス水車は，30〜500 m の広範囲な落差で適用される反動水車である．

ガイドベーン（guide vane）は，図2.28のように出力に応じて水圧管路からの水のランナへの流入方向と流量を調整する．

フランシス水車のランナは図2.29のように，円板と**囲い輪**（shroud ring）との間に多数の**ランナベーン**（runner vane）を取り付けたものである．

ランナの形状は，2.5.6 項で説明する比速度の違いにより大きく変化し，図2.30に示すように，比速度が大きくなるとともに，ランナ入口径（D_1）に対する出口径（D_2）の比が大きくなり，入口高さも大きくなる．これはペルトン水車と同様，同じ出力では，比速度が大きいと落差が減る分，流量を

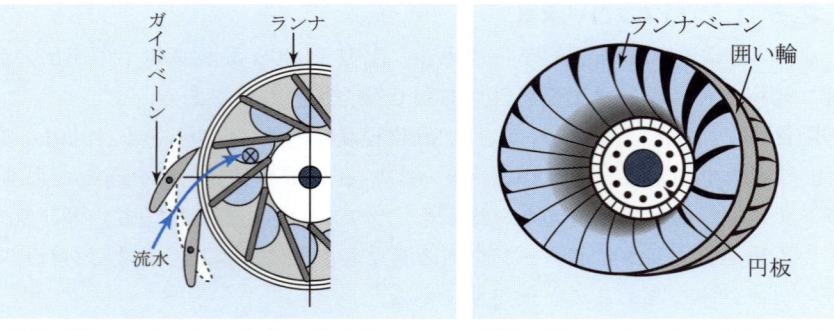

図2.28 フランシス水車のガイドベーン

図2.29 フランシス水車ランナ

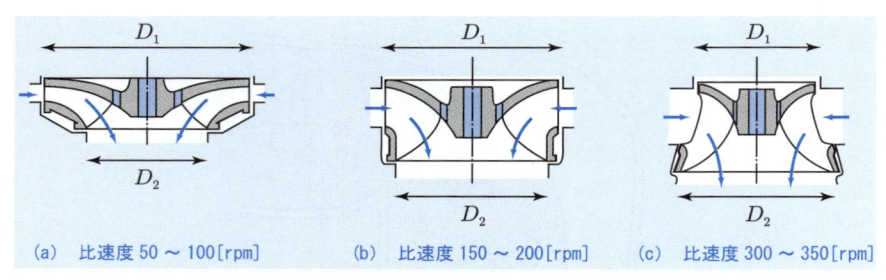

(a) 比速度 50 〜 100 [rpm]
(b) 比速度 150 〜 200 [rpm]
(c) 比速度 300 〜 350 [rpm]

図2.30 フランシス水車の比速度とランナ形状

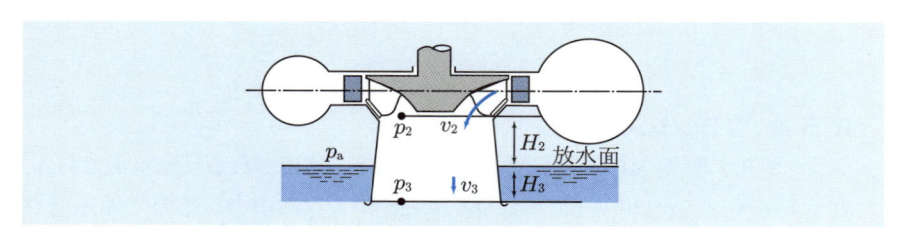

図2.31 吸出し管

増やす必要があるからである．

　ランナを出た水は，**吸出し管**（draft tube）を通って放水路に導かれる．図2.31に吸出し管の各部の圧力，流速を示す．吸出し高さを H_2，吸出し管出口深さを H_3，ランナ出口の圧力を p_2，流速を v_2，吸出し管出口の圧力を p_3，流速を v_3，吸出し管内の損失水頭を h_d とすれば，ベルヌーイの定理

より
$$H_2 + H_3 + \frac{p_2}{\rho g} + \frac{v_2{}^2}{2g} = \frac{p_3}{\rho g} + \frac{v_3{}^2}{2g} + h_d \tag{2.18}$$
が成り立つ．

一方，大気圧を p_a とすれば
$$\frac{p_3}{\rho g} = H_3 + \frac{p_a}{\rho g} \tag{2.19}$$
であるので，式 (2.18)，式 (2.19) より
$$\frac{p_2}{\rho g} = \frac{p_a}{\rho g} - H_2 - \left(\frac{v_2{}^2}{2g} - \frac{v_3{}^2}{2g} - h_d\right) \tag{2.20}$$
となる．これは吸出し管の断面を出口に向けて広げ v_3 を小さくすることにより，p_2 が小さくなり水車出力が大きくなることを示している．式 (2.20) の右辺カッコ内は**回復水頭**（recovery head）といい，ランナから流出した水の速度水頭の回収分に相当する．しかし，p_2 が小さくなりすぎると，2.5.10 項で説明するキャビテーション（cavitation）が発生するため，吸出し高さ H_2 とともに適切な値としている．

♣ フランシス水車の効率

ランナ入口，出口の半径を r_1 [m], r_2 [m], ランナ入口，出口の周速度を u_1 [m·s^{-1}], u_2 [m·s^{-1}], ランナの角速度を ω [rad·s^{-1}], 水の流入速度，流出速度を v_1 [m·s^{-1}], v_2 [m·s^{-1}], 流入角，流出角を α_1, α_2, ランナに入る流量を Q [m^3·s^{-1}], 水の密度を ρ [kg·m^{-3}] とする．**図 2.32** より，ランナ中心の周りの単位時間あたりの角運動量の変化，すなわちランナが受けるトルク T は
$$T = \rho Q (r_1 v_1 \cos\alpha_1 - r_2 v_2 \cos\alpha_2) \tag{2.21}$$
である．このトルクによりランナが ω の角速度で回転しているので，水車の出力 P [kW] は，$r_1\omega = u_1$, $r_2\omega = u_2$, $\rho = 1000$ [kg·m^{-3}] として
$$\begin{aligned}P = \omega T &= \frac{\rho Q(r_1 \omega v_1 \cos\alpha_1 - r_2 \omega v_2 \cos\alpha_2)}{1000} \\ &= Q(u_1 v_1 \cos\alpha_1 - u_2 v_2 \cos\alpha_2) \text{ [kW]}\end{aligned} \tag{2.22}$$
水車への入力は，$\rho g Q H / 1000$ [kW] であるので，水車効率 η は
$$\eta = \frac{P}{\rho g Q H} = \frac{1}{gH}(u_1 v_1 \cos\alpha_1 - u_2 v_2 \cos\alpha_2) \tag{2.23}$$

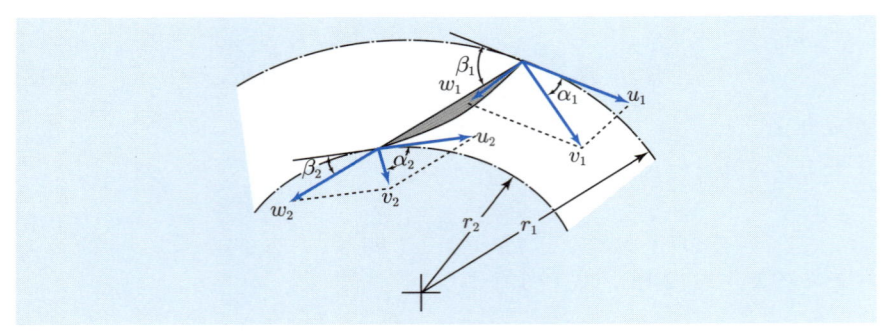

図2.32　フランシス水車の速度線図

となる．
　第3章火力発電で説明する蒸気タービンの効率も，同様にして求められる．　♣

2.5.5　プロペラ水車

　プロペラ水車は，80 m 以下の落差に適用される高比速度の反動水車である．
　2.5.4項で，比速度の増加に伴うフランシス水車のランナ形状の変化を説明したが，プロペラ水車は，さらに低落差，高比速度に対応し，フランシス水車にある囲い輪をはずし，ランナをプロペラ状にしたものである．プロペラ水車には，図2.33に示すように流量や落差に応じてランナベーンの傾斜角度を調節し，水車効率を最高に保つようにした可動ランナベーン形がある．これを考案者の名をとって**カプラン水車**（Kaplan turbine）という．

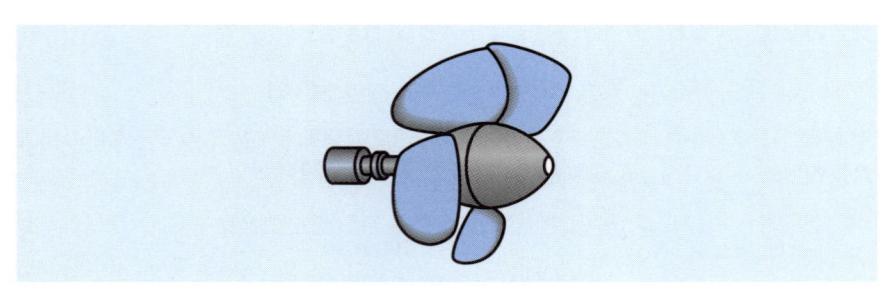

図2.33　カプラン水車ランナ

2.5.6 比速度

水車発電機（hydroturbine generator）は，一般に，三相交流の**同期発電機**（synchronous generator）が用いられ，回転軸が水車に直結されている．

同期発電機の回転数 N [rpm]，周波数 f [Hz]，極数 P の間には

$$N = \frac{120f}{P} \tag{2.24}$$

の関係があり，発電機の周波数，回転数に応じて**極数**（きょくすう）が決まる．

水車の形状，特性は，落差（有効落差），出力，使用水量，回転数で決まるが，落差と出力が決まれば使用水量が決まるので，落差，出力，回転数で決まる．また，水車はその出力が同じなら，回転数が大きいほどサイズは小さくなるが，水車効率の低下，キャビテーションの発生，所要機械強度の増大のため，回転数はある範囲に収めている．

水車ランナは，有効落差 H [m]，出力 P [kW]，回転数 N [rpm] によって，特性上，最適な形状が異なるが，次に述べる**比速度**を用いると都合がよい．これは「ランナ形状が相似であり，水車の周速度と流速の比が等しいなら，水車特性は同じである．」という相似則に基づき，有効落差 1 m，出力 1 kW の幾何学的に相似な水車を考え，このときの水車の回転数を比速度 N_s [rpm] とし

$$N_s = NP^{1/2}H^{-5/4} \tag{2.25}$$

あるいは

$$N = N_sP^{-1/2}H^{5/4} \tag{2.26}$$

で定義している．

水車の比速度は，水車の種類によって**表 2.1** の値が標準となっている．

低落差の発電所では比速度の大きいプロペラ水車（カプラン水車），中落差の発電所ではフランシス水車，高落差の発電所では比速度の小さいペルトン水車を用いる．

なお，フランシス水車は**図 2.30** に示すように，比速度が大きくなるに従って，ランナ出口の直径 D_2 は入口の直径 D_1 に比べて大きくなり，ランナ高さも高くなる．比速度の大きいものを**高速度形**（$D_1 < D_2$），小さいものを**低速度形**（$D_1 > D_2$），その中間を**正規速度形**（$D_1 = D_2$）という．高速度形のランナは，プロペラ水車のランナに近くなり，低速度形のランナはペルト

表2.1　水車の比速度と有効落差

水車	比速度	有効落差
ペルトン水車	$10 \leq N_s \leq 25$	$H \geq 200$
クロスフロー水車	$90 \leq N_s \leq 110$	$5 \leq H \leq 100$
フランシス水車	$N_s \leq \dfrac{20000}{H+20} + 30 \ (50 \leq N_s \leq 350)$	$30 \leq H \leq 500$
プロペラ水車	$N_s \leq \dfrac{20000}{H+20} + 50 \ (200 \leq N_s \leq 800)$	$5 \leq H \leq 80$

ン水車のバケットに近くなっている．

♣ 式 (2.25) の導出

まず，水車の大きさをそのままにして，$H = 1\,[\text{m}]$ としたときの回転数を $N_1\,[\text{rpm}]$，出力を $P_1\,[\text{kW}]$ とする．$N \propto v$，したがって $N \propto \sqrt{2gH}$ であるので

$$N_1 = \frac{N}{\sqrt{H}} \tag{2.27}$$

また，$P \propto QH$ であり，流量 Q は，$Q \propto v \propto \sqrt{H}$ なので，水車効率を一定とすると

$$P_1 = \frac{P}{H\sqrt{H}} \tag{2.28}$$

次に，$H = 1\,[\text{m}]$ のまま，水車を相似的に $1/k$ に縮小すれば，流速は変わらず水車半径が $1/k$ になるため，ランナ角速度は k 倍となる．また，水の流入面積が $1/k^2$ となるので流量は $1/k^2$ となる．したがって，このときの回転数 $N_{1k}\,[\text{rpm}]$，出力 $P_{1k}\,[\text{kW}]$ は

$$N_{1k} = kN_1 = \frac{kN}{\sqrt{H}} \tag{2.29}$$

$$P_{1k} = \frac{P}{H\sqrt{H}\,k^2} \tag{2.30}$$

である．式 (2.30) で $P_{1k} = 1\,[\text{kW}]$ とすると

$$k = \frac{P^{1/2}}{H^{3/4}} \tag{2.31}$$

したがって，$N_{1k} = N_s$ なので，式 (2.25) を得る． ♣

2.5 水車

■ 例題2.10 ■

比速度 106 rpm,出力 90,000 kW のフランシス水車を,有効落差 169 m の発電所で用いるのに適当な回転数を求めよ.ただし,発電機の周波数は 50 Hz とする.

【解答】 式 (2.26) より

$$N = N_s P^{-1/2} H^{5/4} = 106 \frac{1}{\sqrt{90000}} 169^{5/4} = 106 \frac{1}{300} 13^{5/2} = 215.3 \text{ [rpm]}$$

式 (2.24) より,極数 P は

$$P = \frac{120f}{N} = \frac{120 \times 50}{215.3} = 27.9$$

よって,極数を 28 として,214 rpm となる. ■

2.5.7 水車効率

通常,水車は定格出力の90%程度の出力で効率が最大となるようにしているが,落差一定で,流量を増減させて発電機出力を増減させたとき,水車効率がどのように変化するかを示したのが図2.34である.

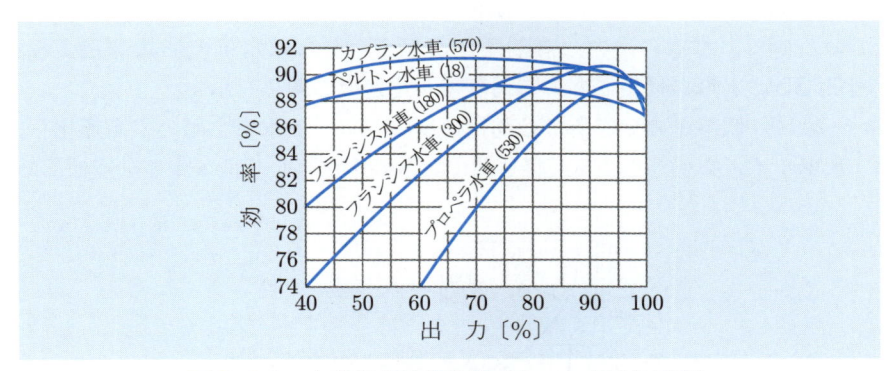

図2.34 水車出力効率曲線 (カッコ内は比速度)

ペルトン水車は,出力が変化しても効率の低下はほとんどない.これは流量を変化させても,ノズルから出る水の噴出速度は変わらず,図2.25の速度線図が変わらないためである.出力の変化にあわせて,ノズルの使用数を変えることにより,効率の低下をさらに抑えることができる.

流量にあわせて，ランナベーンの傾斜角を調整できるカプラン水車も，効率の低下はほとんどない．

ランナベーンの傾斜角が固定されているフランシス水車やプロペラ水車は，流量を変化させるためにガイドベーン開度を変えると，図2.32の速度線図が変わり効率が低下する．特に，比速度の大きい水車ほどこの低下が著しくなる．これはランナ出口径が入口径より相対的に大きいことから，ランナ出口の周速度が大きくなり，このため流量の変化に伴うランナ出口流出速度の周方向成分の変化が大きくなるからである．

落差の変化による効率の変化をみると，ペルトン水車は基本的に式(2.16)の v_1 の変化に伴い低下するが，一般に高落差で適用されるので相対的に影響は小さい．フランシス水車とプロペラ水車では，比速度が小さいほど，特に低落差側での効率低下が大きくなる．これはランナ入口径が出口径より相対的に大きいことから，ランナ入口の周速度が大きく遠心力が大きいため，低落差側では，ランナ流入量が減少するからである．

2.5.8 水車の選定

2.5.6項で説明したように，水車の種類によって比速度の範囲が決まっているので，水車の出力，有効落差が与えられれば水車の形状が定まる．図2.35に水車の種類ごとの有効落差と比速度の関係を示す．
- 一般に，低落差の発電所では高比速度のプロペラ水車を用いて高速化し，水車サイズを小さくする．軽負荷のとき効率が著しく低下する欠点はある

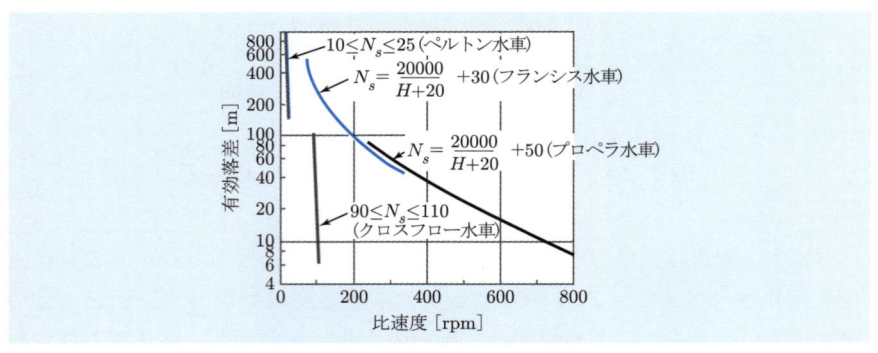

図2.35 有効落差と比速度の関係

が落差変動に対しては効率の低下が少ない利点がある．
- 可動ランナベーンを用いたカプラン水車なら軽負荷のときの効率低下の問題はない．
- ペルトン水車は，高落差の発電所で用いられるが，適用できる比速度の範囲は狭く，出力，落差が同じフランシス水車より，回転速度も低いためサイズは大きくなる．
- フランシス水車は，落差，流量，出力とも広範囲に適用でき，最も多く用いられている．比速度が大きくなると，プロペラ水車と同様，軽負荷のとき効率が著しく低下する．
- クロスフロー水車は，出力 1,000 kW 程度以下の小水力発電で適用される．

♣ 揚水発電におけるポンプ水車

揚水発電におけるポンプ水車は，一つの水車を同じ回転数で逆回転させ，水車とポンプの両用としている．このため最高効率運転時の回転数は発電時，揚水時で異なる．一般に，最高効率運転時の回転数は，揚水時のほうが発電時より高いが，総合効率の観点から発電時の効率をやや犠牲にした回転数としている．

水車と同様に，落差に応じてフランシスポンプ水車，プロペラポンプ水車が用いられるが，揚水運転時に電力系統の周波数調整をするには，揚水量を変化させポンプ動力を変化させることになる．

ランナベーンが固定のフランシスポンプ水車は，回転数が一定であると，揚水量を変化させるためにガイドベーン開度を変化させても，揚水量はあまり変化せず効率が低下するので，揚程ごとに最高効率になるような最適ガイドベーン開度で運転している．

ポンプ動力を変化させるには，ポンプ動力が流速の 3 乗に比例することから，流速，すなわちポンプ水車の回転数を変化させる．これを**可変速揚水発電**という．通常の揚水発電所の電動機が直流励磁であるのに対し，可変速揚水発電では回転数にあわせた交流励磁としている．　　　　　　　　　　　　　　　　　　　　　　　♣

2.5.9 無拘束速度

ある出力で発電をしているとき,バルブ,ガイドベーンなどで流量を調整しないまま,発電機を無負荷状態(出力 0)にすると,水車出力と機械損失がバランス(式 (2.16) あるいは式 (2.23) がほぼ 0)するまで,ランナ速度は上昇する.このときのランナ速度を**無拘束速度**(runaway speed)という.

無拘束速度の最大値は水車の種類によって異なる.定格速度に対して,ペルトン水車などの衝動水車では,ノズルの噴出速度を超えることはないので 1.8 倍程度である.一方,反動水車では,比速度が小さいほうが,2.5.7 項で説明したランナ入口の周速度が増加するのに伴う遠心力の作用が大きいため,フランシス水車では 1.6〜2.3 倍程度,プロペラ水車では 2.0〜3.2 倍程度である.

実際の運転では,発電所の制御保護により急速に流量を制限するが,設計上は上記の値に 2 分間耐えられるようにする.

2.5.10 キャビテーション

反動水車を流れる水の圧力が水の飽和水蒸気圧よりも低くなると,その部分で沸騰が始まり気泡が生ずる.そして,この気泡が水圧の高い場所に移動し,気泡が崩壊するときに高い圧力の衝撃波が発生する.この現象を**キャビテーション**といい,水車,吸出し管の表面に損傷を与えるとともに,水車の効率低下,騒音,振動を引き起こす.キャビテーションは,比速度が大きい水車ほど,また軽負荷運転時やポンプ運転時のほうが発生しやすい.

キャビテーションの発生を防止するには,比速度を 2.5.6 項で説明したような範囲を超えないようにする,式 (2.33) でわかるように吸出し高さを高くしない,吸出し管に空気を送入するなどの方法がある.また,ランナを耐キャビテーション性の材質にする.

衝動水車でも同様の損傷が生ずる.原因は反動水車と異なり,水の流速方向の急変などである.

2.5 水車

♣ キャビテーション係数

ベルヌーイの法則より，速度水頭が大きくなれば圧力水頭が小さくなるので，全水頭が小さいと，速度水頭のわずかな変化でもキャビテーションが生じやすくなる．

キャビテーション発生の目安としては，次のキャビテーション係数 σ が用いられる．

$$\sigma = \frac{NPSH}{H} \tag{2.32}$$

ここで，$NPSH$ は**有効吸出し水頭**（net positive suction head），H は有効落差であり

$$NPSH = \left(\frac{p_\mathrm{a}}{\rho g} - H_2 + \frac{v_3^2}{2g}\right) - \frac{p_\mathrm{v}}{\rho g} \tag{2.33}$$

p_a：大気圧

H_2：吸出し高さ（ランナが吸出し管出口水位より高いとき「+」とする）

v_3：吸出し管出口流速

p_v：飽和蒸気圧

式 (2.33) の右辺のカッコ内は，ランナ出口を基準高さにした吸出し管出口における全水頭であり，式 (2.19) を用いて変形したものである．キャビテーション係数はこれが飽和蒸気圧からどれだけ余裕があるかを有効落差の比で表したものである．♣

2.6 水理系の応答

2.6.1 調速機

発電機の負荷が増加あるいは減少したとき，水車出力が変わらなければ，水車および発電機の回転数は減少あるいは増加し続け，同期運転を保てなくなる．

調速機は，発電機の回転数の変動に応じてバルブあるいはガイドベーン開度を調整し，水車出力を自動的に制御する装置である．図2.36に水車の回転数と水車出力の関係を示すが，回転数が増加すると水車出力が減少する直線特性で表される．

図2.36の直線の傾きは

$$R = \frac{(n_2 - n_1)/n_n}{(P_1 - P_2)/P_n} \times 100$$
$$= \frac{(f_2 - f_1)/f_n}{(P_1 - P_2)/P_n} \times 100\% \tag{2.34}$$

となる．これを**速度調定率**（speed regulation）といい，通常 3～5% 程度である．ここで，n_n は定格回転数，f_n は定格周波数，P_n は定格出力であり，速度調定率は，回転数あるいは周波数の定格に対する変化率と，出力の定格に対する変化率の比ということになる．

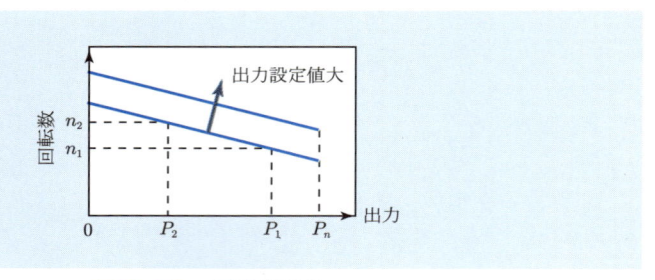

図2.36 調速機特性

例題2.11

定格出力 100 MW，定格周波数 50 Hz，速度調定率 4%の発電機が，出力 80 MW，定格周波数で運転しているとき，負荷が急変し 60 MW で安定運転になった．このときの周波数を求めよ．

【解答】 式 (2.34) に，$f_1 = 50, f_n = 50, P_1 = 80, P_2 = 60, P_n = 100, R = 4$ を代入すると，f_2 が求める周波数であるので

$$f_2 = 50 + \frac{4}{100} \times \frac{80-60}{100} \times 50$$
$$= 50.4 \,[\text{Hz}]$$

2.6.2 負荷変動

発電機の負荷変動にあわせて水車出力を変化させるため，水車への流入量を変化させると水圧管の圧力が変動する．特に系統事故時など，発電機解列による負荷遮断に伴い急速に水車への流入量を減少させるときには，急激な圧力上昇を生ずる．これを**水撃作用**（water hammering）という．

この圧力上昇を抑制するためには，水車への流入量を緩やかに減少させればよいが，逆に水車の速度上昇が大きくなることから，水車・発電機の慣性定数を大きくし，速度変化を小さくする必要がある．

また，ダムと発電所間の**圧力トンネル**と水圧管の距離が長い場合には，2.4.3 項でも説明したように，圧力トンネルと水圧管の間に**サージタンク**を設けて，圧力上昇を抑える方法がある．しかし，この場合，サージタンク水位の振動周期が数分から十数分となることが多く，この水力発電所を系統周波数調整発電所として出力を変化させるときには，共振による水位振動の拡大に留意する必要がある．

実際には，これらの方法を総合的に評価して決定することになるが，**水圧変動率**（水車停止時の水圧に対する比）は 120〜130%程度，**速度変動率**（定格回転速度に対する比）は 120〜140%程度とすることが多い．

♣ 水圧管の圧力変動

図2.37のような，長さ L，断面積 A の損失がない水圧管を考えると，粘性のない完全流体の運動方程式であるオイラーの式より，水圧管を流れる水の運動方程式は以下のようになる．

$$\rho A L \frac{dv}{dt} = \rho A g (H_0 - H) \tag{2.35}$$

ここで，ρ は水の密度，g は重力加速度，v は水圧管内の流速，H_0, H はそれぞれ水圧管入口，出口の全水頭である．

式 (2.35) を

$$\rho A L \frac{d}{dt}\left(\frac{1}{2}v^2\right) = \rho A g (H_0 - H)v \tag{2.36}$$

と変形すれば，単位時間あたりの水圧管内の水の全エネルギーの増加分が，単位時間あたりの水圧管内の水の運動エネルギーの増加分に等しいことを示している．2.1.2項で説明したベルヌーイの定理は，式 (2.35) で v を一定とした特別な場合であることもわかる．

また，$\bar{v} = v/v_0$（v_0 は定常状態の流速），$\overline{H} = H/H_0$ として，式 (2.35) を基準化すると

$$\frac{d\bar{v}}{dt} = \frac{1}{T_W}(1 - \overline{H}) \tag{2.37}$$

となる．ただし，$T_W = \dfrac{Lv_0}{gH_0}$ であり**水時定数**（water time constant）という．式 (2.37) より，ダムと発電所の間にサージタンクを設け，水圧管長 L を短くし T_W を小さくすれば，同じ速度変化でも全水頭の変化，すなわち圧力の変化が小さくなることがわかる．　♣

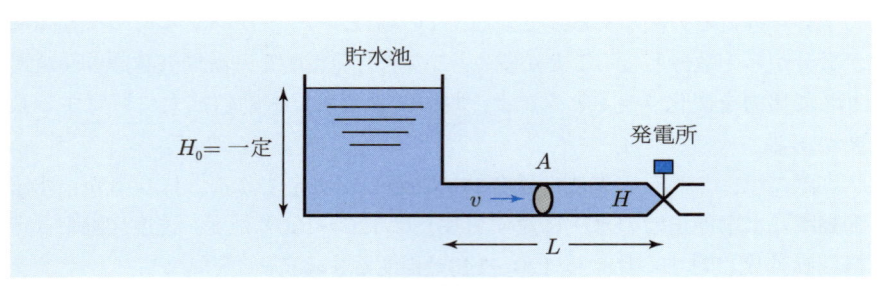

図2.37　水圧管圧力変動モデル

♣ サージタンク水位の振動

図2.38のような圧力トンネル，サージタンクを含む水路を考える．ここで圧力トンネルの長さを l，ダム水位を H_0，サージタンク水位を h，圧力トンネルの断面積を A_{t}，サージタンクの断面積を A_{s}，圧力トンネル内の流速を v，水圧管の流量を W とし，定常状態からの微小変化 $v = v_0 + \Delta v, h = h_0 + \Delta h, W = W_0 + \Delta W$ を考える．

圧力トンネルの損失を無視すると，運動方程式は式 (2.35) と同様に

$$\rho A_{\mathrm{t}} l \frac{dv}{dt} = \rho A_{\mathrm{t}} g (H_0 - h) \tag{2.38}$$

であるので

$$\frac{d\Delta v}{dt} = -\frac{g}{l} \Delta h \tag{2.39}$$

一方，サージタンクにおける流量のバランスを考えると

$$A_{\mathrm{t}} \Delta v = A_{\mathrm{s}} \frac{d\Delta h}{dt} + \Delta W \tag{2.40}$$

式 (2.39)，式 (2.40) をラプラス変換し，Δh と ΔW の関係を求めると

$$\Delta h = -\frac{\frac{1}{A_{\mathrm{s}}}}{s^2 + \frac{g}{l}\frac{A_{\mathrm{t}}}{A_{\mathrm{s}}}} \Delta W \tag{2.41}$$

となり，発電所の出力変動に伴い，サージタンク水位は周期 $2\pi\sqrt{\dfrac{l}{g}}\sqrt{\dfrac{A_{\mathrm{s}}}{A_{\mathrm{t}}}}$ で振動することがわかる． ♣

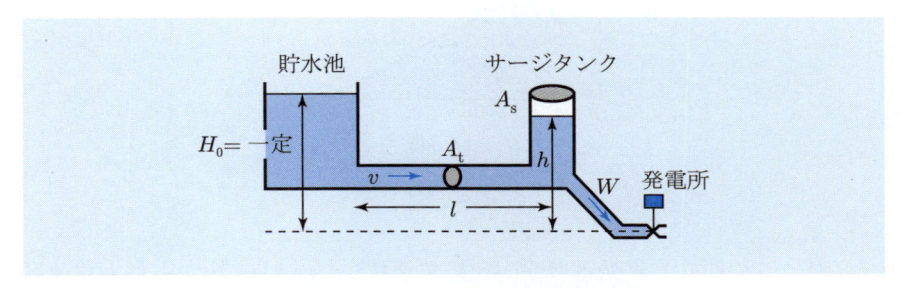

図2.38 サージタンク水位変動モデル

例題2.12

定格容量 20,000 kVA の水車発電機が出力 19,000 kW で運転しているとき，突然無負荷になった．このときの速度変動率を求めよ．ただし，ガイドベーンは一定時間（不動時間）だけ遅れて閉鎖を開始し，閉鎖時間中，水車への入力は直線的に減少するものとする．また無負荷運転時の水車発電機の損失は無視するものとし，その他の定数は以下の通りである．

- 水車発電機の単位慣性定数　$M = 8$ [s]
- ガイドベーンの不動時間　$t_\mathrm{d} = 0.3$ [s]
- ガイドベーンの閉鎖時間　$t_\mathrm{c} = 4.0$ [s]

【解答】　水車発電機が出力 P [kW] で運転している状態から突然無負荷になり，ガイドベーンが全閉になるまでに水車発電機に与えられるエネルギー W_1 は，図2.39の斜線部の面積となるので

$$W_1 = P\left(t_\mathrm{d} + \frac{1}{2}t_\mathrm{c}\right) \text{ [kJ]} \tag{2.42}$$

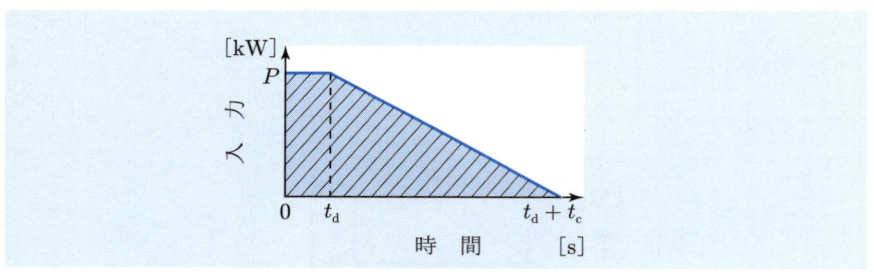

図2.39

また，この間に水車発電機が，定格角速度 ω_n [rad·s^{-1}] から最大角速度 ω_m [rad·s^{-1}] まで上昇したとすると，その運動エネルギーの増加 W_2 は，水車発電機の慣性モーメントを I [kg·m^2] とすると

$$W_2 = \frac{1}{2}I(\omega_\mathrm{m}^2 - \omega_\mathrm{n}^2) \times 10^{-3} \text{ [kJ]} \tag{2.43}$$

$W_1 = W_2$ なので

2.6 水理系の応答

$$\omega_\mathrm{m}^2 - \omega_\mathrm{n}^2 = \frac{P\left(t_\mathrm{d} + \frac{1}{2}t_\mathrm{c}\right)}{\frac{1}{2}I \times 10^{-3}} \tag{2.44}$$

一方，水車発電機の定格容量を P_n とすると，**単位慣性定数**の定義より

$$M = 2 \times \frac{\frac{1}{2}I\omega_\mathrm{n}^2 \times 10^{-3}}{P_\mathrm{n}} \tag{2.45}$$

式 (2.44)，式 (2.45) より

$$\omega_\mathrm{m}^2 - \omega_\mathrm{n}^2 = \frac{2P\omega_\mathrm{n}^2\left(t_\mathrm{d} + \frac{1}{2}t_\mathrm{c}\right)}{P_\mathrm{n}M} \tag{2.46}$$

よって，速度変動率 $\delta\%$ は

$$\delta = \frac{\omega_\mathrm{m}}{\omega_\mathrm{n}} \times 100 = \sqrt{1 + \frac{2(P/P_\mathrm{n})}{M}\left(t_\mathrm{d} + \frac{1}{2}t_\mathrm{c}\right)} \times 100 \tag{2.47}$$

式 (2.47) に与えられた数値を代入すると $\delta = 124.3\%$ ■

♣ 単位慣性定数と蓄積エネルギー定数

定格回転角速度 ω_n における慣性モーメント I の回転体の回転エネルギーと定格容量 P_n の比を**蓄積エネルギー定数**といい H で表す．

$$H = \frac{\frac{1}{2}I\omega_\mathrm{n}^2}{P_\mathrm{n}} \ [\mathrm{s}] \tag{2.48}$$

この H と例題 2.12 の**単位慣性定数** M との間には，

$$M = 2H \tag{2.49}$$

の関係がある．

M は定格回転角速度における定格容量に対応する一定の加速トルク T_n により，回転体を停止の状態から定格回転角速度まで加速するのに要する時間を意味しており，6～10 s 程度の範囲にある． ♣

2.7 発電機

2.7.1 構造

水車は 2.5.6 項で説明したように落差に応じた最適な比速度があるため，回転数は 75〜600 rpm の範囲にあるものが多く，水車発電機は多極機となる．一方で**蒸気タービン**（steam turbine）や**ガスタービン**（gas turbine）は高温・高圧の蒸気やガスを用いることから，回転数を高くしたほうが効率が高くなる．このため，火力発電所の**タービン発電機**（turbine generator）は，発電機の最小極数である 2 極機に対応した 3000/3600 rpm である．原子力発電所で用いられる蒸気タービンは，原子炉の特性から火力に比べて蒸気の温度，圧力が低いことから，蒸気量が多くタービン翼長が長くなるので，機械強度上，タービン発電機は 4 極機に対応した 1500/1800 rpm としている（式 (2.24) 参照）．

このように水車タービンと蒸気タービン，ガスタービンには回転数の違いがあるため，水車発電機と火力，原子力などのタービン発電機には極数の違いのほか，次のような構造上の違いがある．

- **回転子**——水車発電機は単位慣性定数を大きくする効果もある突極形にしている．タービン発電機は遠心力が大きいため軸長の長い円筒形にしている．
- **回転軸の向き**——立て軸形と横軸形がある．水車発電機は小容量のものを除いて，重量部の支持が容易な立て軸形がほとんどである．タービン発電機は軸長が長く高速回転のため横軸形としている．
- **回転軸のたわみ**——たわみの固有振動と共振する回転軸の**危険速度**（critical speed）は，軸長が長いほど小さくなる．水車発電機では定格回転数より危険速度を大きくできるが，タービン発電機では定格回転数より危険速度が小さくなるため，起動，停止時の振動に留意する必要がある．
- **冷却方式**——水車発電機は空気冷却がほとんどである．タービン発電機は空気に比べて風損が小さく比熱が大きいなど冷却能力の高い水素を冷媒とした水素冷却により（固定子は水冷却にすることもある），軸長の増加を抑えながら大容量化を図っている．

2.7.2 同期発電機の電気的特性

(1) 短絡比

短絡比（**SCR**：short-circuit ratio）は，定格速度で無負荷定格電圧を誘起するのに要する界磁電流に対する，3相短絡時に定格電流を流すのに要する界磁電流の比と定義される．短絡比は，界磁束を増やし電機子アンペアターン（電機子起磁力）を減らすと大きくなるが，回転子が大型化する．回転数の高いタービン発電機は，回転子径の増大を抑えるために電機子アンペアターンを大きくしている．このため短絡比は水車発電機よりも小さい．一般に，水車発電機で 0.8〜1.0 程度，タービン発電機で 0.6 程度である．

(2) 電圧変動率

同期リアクタンスが小さいほど電機子反作用が小さくなり，**電圧変動率**（voltage regulation）が小さくなる．発電機の自己容量ベースの単位法で表した同期リアクタンスは，短絡比の逆数となる．水車発電機で 100〜110% 程度，タービン発電機で 160〜180% 程度であるので，水車発電機のほうがタービン発電機より電圧変動率は小さい．

■ 例題2.13 ■

> 同期発電機の短絡比は，自己容量ベースの単位法で表した同期リアクタンスの逆数になることを示せ．

【解答】 図2.40 は同期発電機の (a) 無負荷飽和曲線と (b) 3相短絡曲線である．図において，縦軸は発電機端子電圧 (V) または電機子電流 (I) であり，横軸は界磁電流 (i_f) である．(a) は鉄心の飽和のため上に凸の曲線となる．(b) は電機子反作用が減磁作用となるため直線となる．

(a) で定格電圧 V_n となるときの界磁電流を i_1，(b) で定格電流 I_n となるときの界磁電流を i_2 とすると，短絡比 (SCR) の定義から

$$SCR = \frac{i_1}{i_2} \tag{2.50}$$

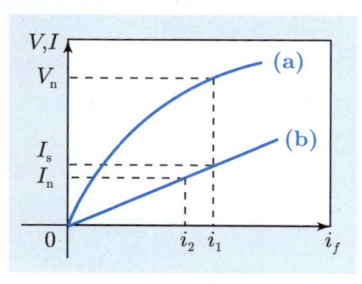

図2.40　励磁特性

一方，無負荷時の端子電圧が V_n のときの3相短絡電流を I_s とすると，同期リアクタンス X は

$$X = \frac{V_\mathrm{n}}{I_\mathrm{s}} \tag{2.51}$$

である．これを自己容量ベースの単位法で表すと

$$\overline{X} = \frac{XI_\mathrm{n}}{V_\mathrm{n}} = \frac{I_\mathrm{n}}{I_\mathrm{s}} = \frac{i_2}{i_1} = \frac{1}{SCR} \tag{2.52} ■$$

(3) 定態安定度

定態安定度（steady-state stability）は，微小な負荷変動などの擾乱に対する電力系統の安定性を表す．同期リアクタンスが小さいほど**定態安定極限電力**が大きいので，水車発電機のほうがタービン発電機より定態安定度は高くなる．

♣ 定態安定極限電力

図2.41の1機無限大系統を考えると，発電機の有効電力 P は

$$P = \frac{EV}{X + X_\mathrm{e}} \sin\theta \tag{2.53}$$

となる．発電機と無限大系統の相差角 θ が $90°$ より小さいときは，負荷の増加に応じて相差角が大きくなることによって発電機出力を増加できるので安定である．$90°$ 以上になると負荷がわずかに増加してもこれ以上発電機出力を増加できず，同期を維持できなくなるため**脱調**（step out）してしまう．この限界発電力を**定態安定極限電力**といい，式(2.53)でわかるように，同期リアクタンス X が小さいほど定態安定極限電力が大きくなる． ♣

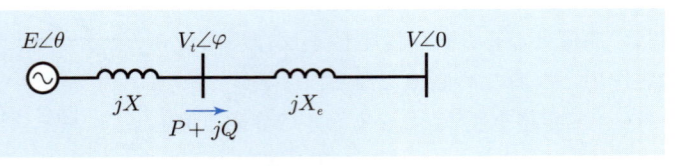

図2.41　1機無限大系統

(4) 進相運転

同期リアクタンスの小さい水車発電機のほうが，**進相運転**（leading power-factor operation）領域での定態安定度の低下が小さい．また，タービン発電機は，進相運転時，固定子と回転子の合成起磁力による固定子鉄心端部もれ磁束により生ずる渦電流損が大きくなり，過熱の問題がある．このため進相運転領域がより制約される．さらに，進相運転時における発電機端子電圧の低下は，タービン発電機のほうが，所内機器の運転に及ぼす影響が大きい．よって，水車発電機のほうがタービン発電機より進相運転領域が大きい．

♣ 定態安定領域

同じく図2.41の1機無限大系統で考えると，定態安定の条件は $\theta < 90°$ であるので，式(2.54)で表される右半分の円の内部が定態安定領域となる（図2.42）．ここで，P, Q はそれぞれ発電機の有効電力，無効電力，V_t は発電機端子電圧，X は発電機の同期リアクタンス，X_e は送電線のリアクタンスである．

$$P^2 + \left\{Q - \frac{1}{2}\left(\frac{1}{X_e} - \frac{1}{X}\right)V_t^2\right\}^2 = \left\{\frac{1}{2}\left(\frac{1}{X_e} + \frac{1}{X}\right)V_t^2\right\}^2 \tag{2.54}$$

図2.42からわかるように，同期リアクタンスが大きくなると，円の中心が上に移動し半径が小さくなるので，進相運転時における定態安定領域が狭くなる． ♣

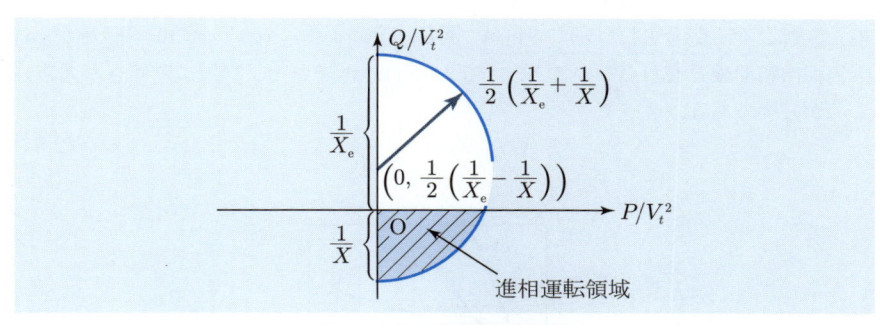

図2.42 定態安定領域

(5) 自己励磁

同期発電機に進相負荷をつないだとき,励磁しなくてもわずかな残留磁束により電圧が誘起し進相電流が流れる.進相電流による電機子反作用は励磁作用となるため,誘起電圧がさらに上昇することにより異常電圧を発生することがある.これを**自己励磁**(self-exciting)現象といい,短絡比の小さな発電機により無負荷送電線を充電するときなどには注意が必要である.

♣ 自己励磁発生条件

図 2.43 の (a) 無負荷飽和曲線に対する (b) 原点を通る接線は,鉄心の飽和がない場合の無負荷励磁曲線(**エアギャップ線**という)を与える.ただし,電圧は発電機端子電圧,電流は界磁電流に対応した電機子電流をそれぞれ発電機自己容量ベースの単位法で表してある.ここで,(a), (b) の定格電圧を与える界磁電流をそれぞれ i_1, i_0 とすると,飽和の程度を表す飽和率 σ は

$$\sigma = \frac{i_1 - i_0}{i_0} \tag{2.55}$$

飽和のない場合の発電機自己容量ベースの単位法で表した同期リアクタンス $\overline{X_\mathrm{u}}$ は,例題 2.13 式 (2.52) と同様に定格電圧を与える界磁電流を i_0 とすると

$$\overline{X_\mathrm{u}} = \frac{i_2}{i_0} = (1+\sigma)\frac{i_2}{i_1} = \frac{1+\sigma}{SCR} \tag{2.56}$$

容量性負荷の発電機自己容量ベースの単位法で表したリアクタンスを $\overline{X_\mathrm{c}}$ とする.このとき自己励磁が発生しないためには,図 2.43 のように (c) 容量性負荷直線が (a) 無負荷飽和曲線と交わらないこと,すなわち (b) エアギャップ線より傾きが大きいことが必要である.よって

$$\overline{X_\mathrm{c}} > \overline{X_\mathrm{u}} = \frac{1+\sigma}{SCR} \tag{2.57}$$

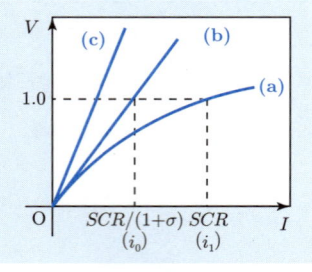

図 2.43 自己励磁発生条件

2.7 発電機

発電機定格容量を Q_n, 定格電圧時の容量性負荷の充電容量を Q_c とすると, 式 (2.57) は

$$SCR > \frac{1+\sigma}{X_c} = \frac{Q_c}{Q_n}(1+\sigma) \tag{2.58}$$

となる. さらに, 式 (2.58) は発電機定格電圧 V_n, 充電時の発電機電圧 V', 充電時の充電容量 Q' を用いて表すと

$$Q' < Q_n \left(\frac{V'}{V_n}\right)^2 \frac{SCR}{1+\sigma} \tag{2.59}$$

となる. ♣

2章の問題

☐ **2.1** 断面積が A と一定なタンクに水を深さ h_0 だけ入れ,底に空けた断面積 a の小孔から水を水平に流出させるとき,水が全部出てしまうまでの時間を求めよ.

☐ **2.2** 有効落差 200 m の水圧管で,ノズル断面積が $0.1\ \text{m}^2$ であるとき,ノズルの噴出速度,流量,水車入力を求めよ.ただし,ノズル効率を 95% とする.

☐ **2.3** 有効落差 30 m で,出力 500 kW の水力発電所における水圧管の直径を求めよ.ただし,発電総合効率を 80%,水圧管内流速を $3\ \text{m}\cdot\text{s}^{-1}$ とする.

☐ **2.4** 有効落差 50 m,出力 8,000 kW の水車がある.有効落差が 2.5 m 低下したときの出力を求めよ.ただし,水車のガイドベーン開度は一定とし,水車効率の変化は無視するものとする.

☐ **2.5** 定格出力 40,000 kW,定格周波数 50 Hz,速度調定率 4% の発電機と,定格出力 25,000 kW,定格周波数 50 Hz,速度調定率 5% の発電機が,50 Hz の電力系統に連系され,それぞれ定格出力,定格周波数運転を行っているとき負荷の一部が脱落し,2 つの発電機の合計出力が 56,000 kW に変化して安定運転となった.このときの系統周波数,それぞれの発電機の出力を求めよ.

☐ **2.6** 慣性モーメント I の回転体を,定格回転角速度 ω_n における定格容量 P_n に対応する一定の加速トルク T_n により,停止の状態から定格回転角速度まで加速するのに要する時間は,単位慣性定数 M となることを示せ.

☐ **2.7** 定格容量 100 MVA,短絡比 1.0,飽和率 0.2 の発電機によって,275 kV 送電線 2 回線,100 km を充電するとき,自己励磁を起こすかどうか調べよ.ただし,この送電線のアドミタンスは,1 回線,100 km あたり 0.035 pu(1000 MVA ベース)とする.

第3章

火力発電

　火力発電は石炭，天然ガス，石油、廃棄物などの燃料の熱エネルギーを電力に変換する発電方法である．現在，日本で昼間に使用する電力の過半は火力発電によるものである．

　本章では，火力発電の主力である汽力発電，ガスタービン発電，コンバインドサイクル発電を主に説明する．

　（口絵4と5に火力発電所，口絵6に地熱発電所を掲載）

3.1 概説

3.1.1 火力発電設備の概要

火力発電設備は石炭火力発電，天然ガス火力発電および石油火力発電が主流をなす汽力発電で一般的に火力発電といえば汽力発電を指す．

燃料となる石炭，天然ガス，石油の可採埋蔵量は石炭，天然ガス，石油の順で多い（表3.1）．

世界の発電電力量の3分の2が火力発電によって生み出され，世界の発電

表3.1　石炭，天然ガス，石油の資源量

	石炭（2009年末）	天然ガス（2009年末）	石油（2009年末）
埋蔵量	可採埋蔵量 8260億 t 瀝青炭・無煙炭 4113億 t 亜瀝青・褐炭 4147億 t	確認埋蔵量 187兆 m³ メタンで換算 約1340億 t (0.717 kg・m⁻³)	確認埋蔵量 1兆3331億バレル 2120億 m³ (159 L/バレル) 1750億 t (比重0.827)
年間生産量	69億 t（概数）	3兆 m³（概数）	292億バレル（概数）
可採年数	119年	63年	45.7年

（出典）エネルギー白書2011年（コールノート'97年11兆トン：確認＋予想追加埋蔵量）
（注意）可採埋蔵量：技術的かつ経済的に採掘可能な量
　　　　確認埋蔵量：現状の技術では採掘するメリットはないが，存在は確認されている量

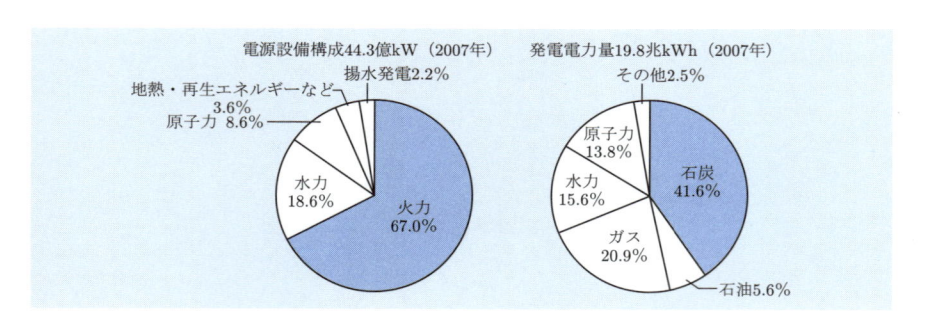

図3.1　世界の発電設備構成および発電電力量構成
（出典）エネルギー白書2010年

3.1 概説

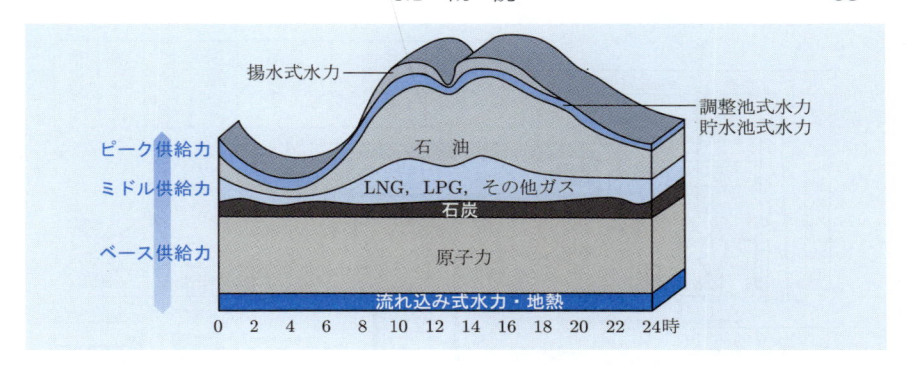

図3.2 日本の電源供給区分（発電設備）
（出典）電気事業連合会「図表で語るエネルギーの基礎 2010–2011」

電力量の約 40%を資源量の最も多い石炭火力が占める（**図3.1**）．

わが国において火力発電は燃料種によって利用のされ方が異なる．石炭火力発電，廃棄物発電，地熱発電は，単位出力あたりの設備コストは高いが燃料費が廉価で供給が安定している．このことから，長期的な経済性および安定的燃料調達の両面において優れたベース供給力として年間を通してほぼ一定出力を供給する電源に使用される．ガスタービン発電は，資本費は安いが燃料費が高い．年間利用率は低いが負荷追従性が良く運転の融通性が優れているためピーク供給力（昼間のピーク時に出力する電源）に使用される．両者の役割を持つミドル供給力として，石炭，石油，LNG，LPG その他ガス火力発電が利用される（**図3.2**）．

汽力発電は蒸気タービンで熱エネルギーを回転エネルギーに変換し発電する．装置・設備構成は**燃料処理装置**，**蒸気発生装置**，復水・給水装置，**蒸気タービン装置**，**電気発生装置**，変電・送電設備および排煙処理設備や排水処理設備からなる**環境対策装置**に大別できる（**図3.3**）．

燃料種により燃料処理装置，蒸気発生装置および環境対策装置の設備構成は異なり，石炭火力発電は火力発電の中で最も重装備である．重装備が必要とされる装置および設備は

- 燃料処理装置—港湾設備/石炭荷揚設備/石炭受入設備/貯炭場・貯炭設備/石炭払出設備/中継貯炭設備/微粉炭設備などで構成

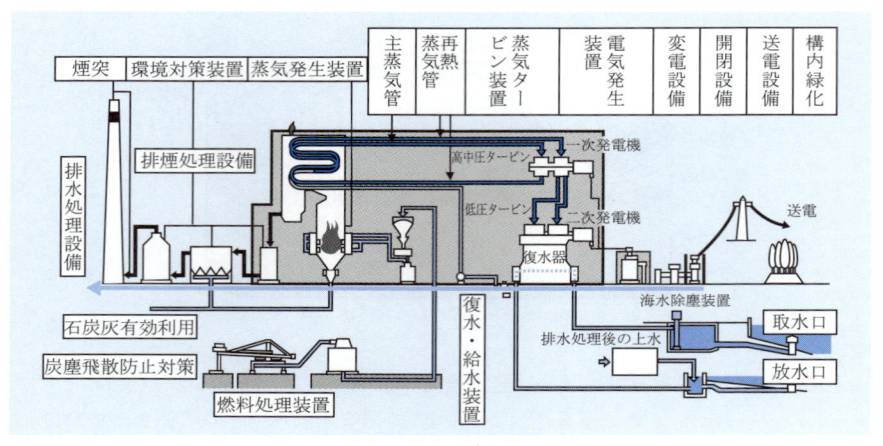

図3.3 汽力発電の構成装置と設備例

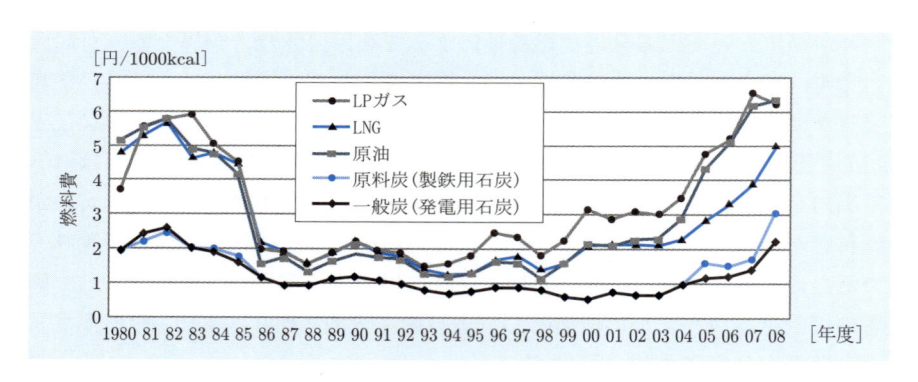

図3.4 化石燃料の発熱量あたりの価格比較（年代別）
（出典）エネルギー白書 2010 年

- 環境対策装置―電気集塵設備/灰処理設備/脱硝設備/脱硫設備/脱硫石膏製造設備などの排煙処理設備と排水処理設備で構成

である．

石油火力，ガス火力は，燃料費が高く石炭火力は安い発熱量あたりの石炭の燃料単価は，長年石油やガスの 30〜50％の間で追従し非常に安価である（図3.4）．

3.1 概説

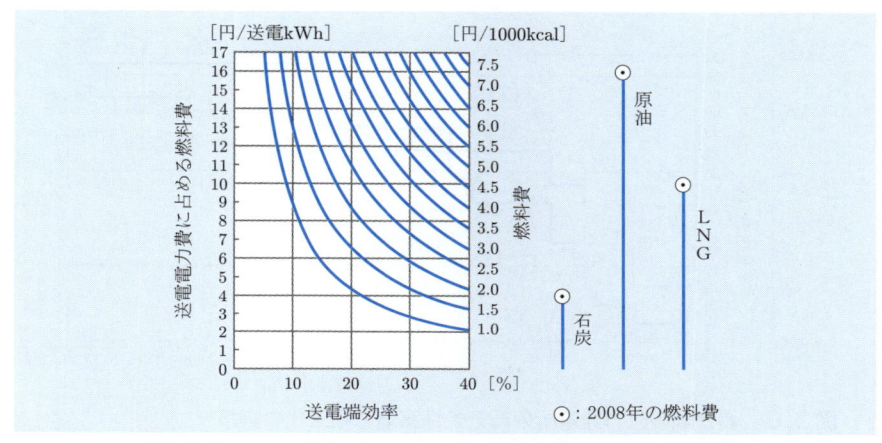

図3.5 燃料単価，送電端効率およびkWhあたりの燃料費の相関　（概念図）

　燃料単価が高くても蒸気を高温・高圧，再生，再熱など高度利用することで高効率化でき，単位発電量あたりの燃料費を低減できる（**図3.5**）．

　蒸気の高温・高圧化で復水タービンの熱効率は大幅に改善でき，金属材料の耐圧，耐熱性向上によりさらなる高度利用が可能となる．

　低質燃料や廃棄物および地熱といった燃料費が安いあるいは全くかからない火力発電設備は1ヶ所に集まる資源量が少ないこともあり数万kW以下の小規模発電である．燃料費が安いため蒸気利用を多重化し効率を高め燃料費を節約してもそれに見合う追加設備費を運用期間中に回収できないことから**単純サイクル**（詳しくは3.2節の**図3.22**参照）を採用する．また，小規模のため経済的**スケールメリット**（章末問題3.1参照）がなく，廃棄物発電は廃棄物処理費用の補助金や税優遇あるいは比較的高い卸売電力料金契約を結ぶことで経済性を維持する例が多い．

　一方，化石燃料汽力発電は高温・高圧蒸気や**再熱・再生サイクル**（詳しくは3.2節の**図3.25**参照）などの高度熱利用サイクルを採用し効率を高め，かつ燃料を海外から大量に一括購入し設備大容量化によるスケールメリットから安価な設備単価を実現し，経済的な電力料金を実現している．燃料費が高い石油や天然ガスの場合，**再熱サイクル**をもう一段追加した2段再熱サイクルを採用しさらに高効率化し経済性を追及している例がある．

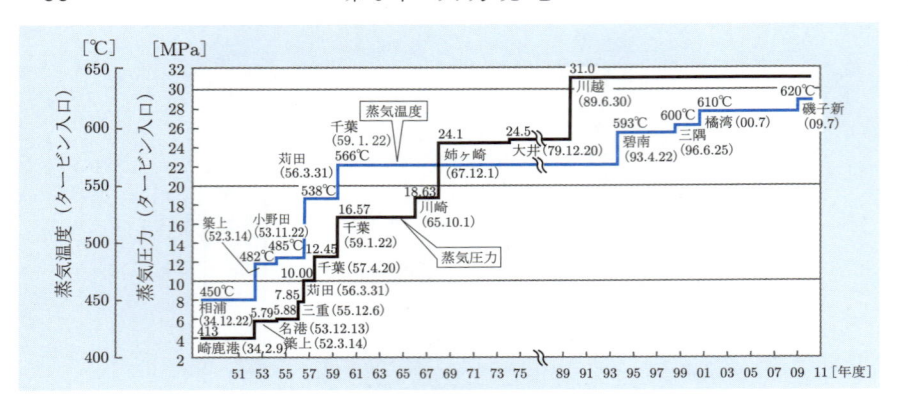

図3.6 わが国の汽力発電所の蒸気条件高温・高圧化の実績
(出典) 火力原子力発電技術協会「火力原子力発電」,図１ (p.64).
火力タービン蒸気条件の変遷,2010年10月(Vol.61 No.10)

1990年代に金属材料の耐性が飛躍的に向上し,汽力発電設備の**高温・高圧化**が進んだ(図3.6).石炭火力発電においても地球温暖化ガス削減の観点から2段再熱方式の検討が進められさらなる高温・高圧化(30 MPa,700℃以上)を目指すA-USC (Advanced Ultra Super Critical)の開発が進められ2020年までにLHV基準発電端熱効率55%の実機設備を目指している.

● 高位発熱量と低位発熱量 ●

燃料発熱量の表現に,ボイラ排ガスと一緒に出て行く水分の蒸発潜熱も発熱量に加える**高位発熱量**(**HHV**:High Heat Value)と,加えない**低位発熱量**(**LHV**:Low Heat Value)の2通りがある.実質ボイラで水・蒸気と熱交換する熱量は低位発熱量であるから,低位発熱量を用いる効率が正味ボイラ効率を表している.

日本は石炭火力の場合,米国の慣習を受け高位発熱量基準で熱効率を表現するが,欧州,中国は低位発熱量で熱効率を表現する.

石炭の発熱量は5000~7000 kcal・kg^{-1}程度で,1 kg燃焼させると3~7%の水分に加えて,4~6%の水素分の燃焼による360~540 gの水分が発生するため蒸発潜熱は200~400 kcal・kg^{-1}程度になる.つまり,低位発熱量基準の効率は相対的に5%程度高位発熱量基準より高くなる.

天然ガスについてはガスタービンエンジンが，金属材料の耐性向上，タービン羽根の冷却技術やコーティング技術の発達で燃焼室温度を1300℃以上までに上げることができるようになり高効率を実現した．また排ガス温度も600℃以上まで上げることができるようになったことから排ガスに含まれる余熱を有効利用した蒸気タービン発電機で2段発電する複合発電（コンバインドサイクルタービン，**CCT**：Combined Cycle Turbine）が可能となった．2011年には燃焼室温度1500℃ガスタービンを使いLHV基準で最大発電端熱効率60%に達しさらに1600℃ガスタービンを使い61%を目指している．また，1700℃ガスタービンの研究開発も進められている．

3.1.2 火力発電の分類

(1) 原動機による分類

(a) 汽力発電 汽力発電はボイラで作られる熱蒸気の力でタービンを駆動する発電方式である．熱源により次の4つがある．
- 固体燃料を利用する石炭火力発電，廃棄物火力発電
- 液体燃料を利用する石油または重油火力発電
- 気体燃料を利用するガス火力発電
- 地熱を利用する地熱発電

固体燃料を利用する石炭火力発電は，石炭の処理方式により，石炭をそのままボイラ底部で燃焼させ熱利用する移動床（ストーカ）ボイラ式発電，石炭を10 mm程度以下に粗く破砕しボイラ底部で流動燃焼させ熱利用する流動床ボイラ式発電，70 μmと微粉になるまで粉砕し空気とともにボイラに注入し微粉炭燃焼させ熱利用する微粉炭焚きボイラ式発電に大きく分類される．

微粉炭焚き火力発電所は，排ガスによる腐食，磨耗が激しい．また，燃焼過程で地域環境を汚染する煤塵や二酸化硫黄および二酸化窒素を多く発生する．しかし，わが国の環境技術開発によって他の燃料に比べ遜色ない排出濃度に抑えることができている．このような対策を施しても価格の安い石炭燃料を利用するため石炭火力発電は経済性に優れ，発電効率，発電容量も年々向上している．また，大規模化によりさらに経済性が改善し発展している（**図3.7**）．

J-POWER横浜磯子石炭火力発電所の発電電力量あたりの**酸化硫黄（SO_x），酸化窒素（NO_x）**排出量は石炭火力発電所でありながら石油やガス燃焼発

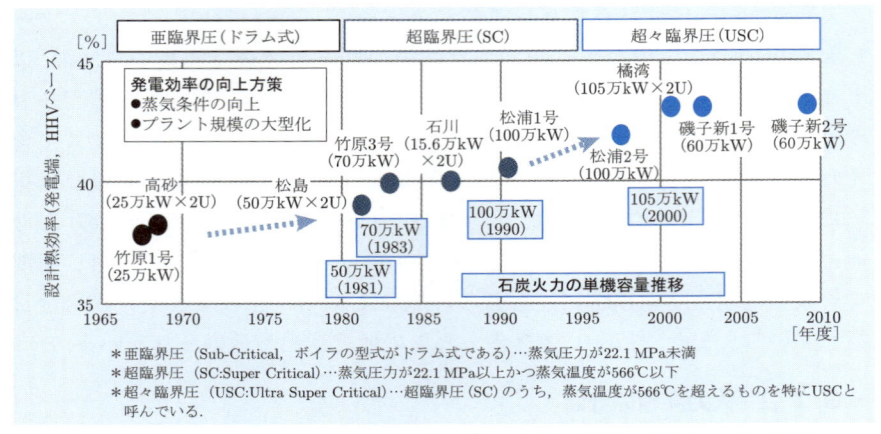

図3.7 石炭火力発電所の発電効率，発電容量の推移の例（J-POWER）

写真3.1 J-POWER 磯子石炭火力発電所
（600 MW 主蒸気600℃，再熱蒸気620℃）

電設備と同等な環境性能を維持できるまで環境対策設備技術が向上している（図3.8）．

(b) **内燃力発電** 内燃力発電機関は燃焼器内で燃料を燃焼させ，その燃焼ガスを作動流体として機械仕事に変換する装置であり，断続的に燃焼する**ピストン機関**（エンジン）および連続的に燃焼するガスタービンの総称である．ピストン機関は**レシプロ機関**（reciprocating engine：往復動機関）とも

3.1 概説

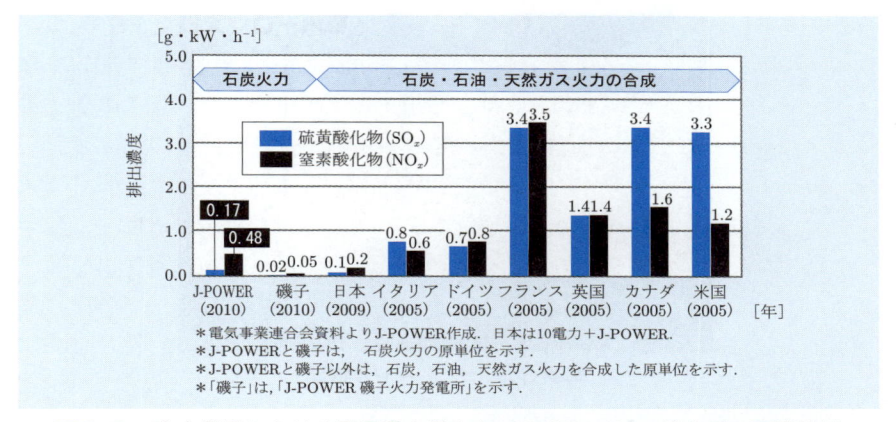

図3.8 火力発電における発電電力量あたりの SO_x, NO_x 排出量の国際比較

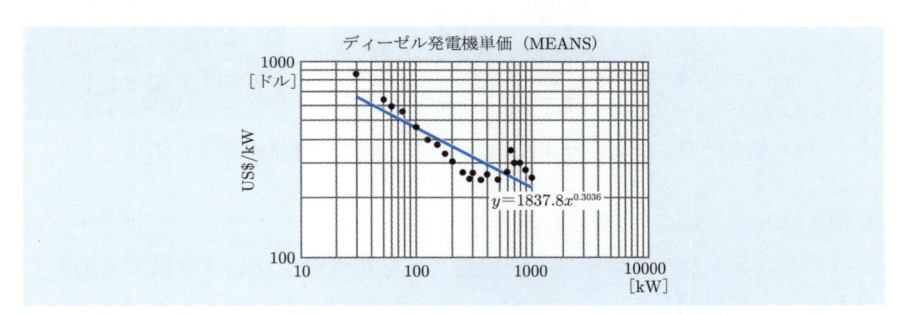

図3.9 ディーゼル機関のスケールメリット係数例

いい，ガソリン機関，ディーゼル機関，ガス機関の総称で単機容量数 kW から 80 MW と幅広く最大級の製品は熱効率 50% に達する．大型機は船舶用の低速エンジン（**写真3.2**）を使う．

燃料は軽油や重油などの揮発性の高い液体燃料または天然ガスを使用し，エンジン内部の燃焼室内に空気と適当な混合比になるように噴霧して，着火させエンジン内で爆発を起こさせる．通常，爆発力は着火場所を中心にして放射状に拡散するが，ピストン機関（エンジン）はその爆発力を効率良く外に取り出す必要がある．爆発に十分耐えられる構造のシリンダ内で起きた爆発力は，シリンダ内を行き来するピストンを押し出す力となる．そこで，放

写真3.2　ディーゼル機関

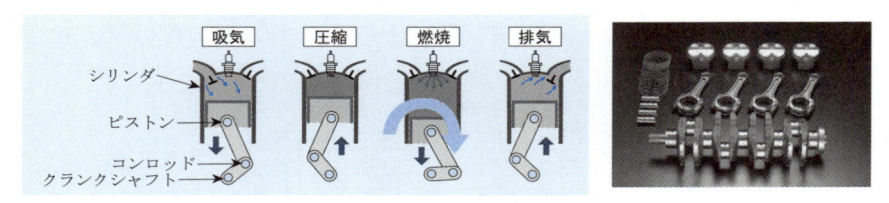

図3.10　ディーゼル機関，ガソリン機関の断続燃焼サイクル

射状に拡散する爆発力が往復運動に変わる．次にコネクティングロッド（コンロッド）とクランクシャフトが連動して往復運動を回転運動に変え動力を出力する（図3.10）．

ピストン機関の特徴は

ⅰ）　運転が容易で無人運転も可能
　　　→電気事業用として離島や非常用電源
　　　→民生用としてはホテルや病院の予備電源

ⅱ）　ディーゼル機関（あるいはガス機関）は400℃近い高温排ガスを熱源として温水を作り発電とともに給湯も行うコージェネレーション（熱電併給）設備として利用され総合熱効率85％を超える利用例もある．

　ピストン機関の代表的な熱サイクルとその原理を応用した機械を表3.2に示す．自動車や小型発電機に利用されるガソリン機関やガス機関はオットーサイクルで動く．船舶，大型発電機に利用される低速ディーゼル機関はディーゼルサイクルで動く．貨物自動車，ディーゼル機関車，中型発電機は上

3.1 概説

表3.2 ピストン機関の熱サイクルと機関名称, 応用例

熱サイクル名称	着火方式	機関名称	応用例
オットー (otto) 図3.11 断熱圧縮－定容積吸熱 －断熱膨張－定容積放熱	火花点火	ガソリン機関, ガス機関	自動車, 小型発電機
サバテ (sabathe) オットーとディーゼルの 複合サイクル	圧縮着火	高速ディーゼル機関	貨物自動車, ディーゼル機関車 中型発電機
ディーゼル (diesel) 図3.11 断熱圧縮－定圧吸熱 －断熱膨張－定容積放熱	圧縮着火	低速ディーゼル機関	船舶, 大型発電機 80 MW以下

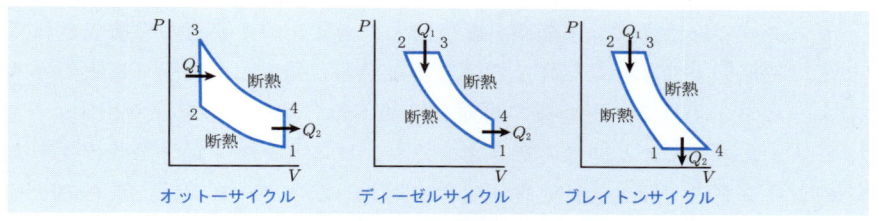

図3.11 内燃機関の各種熱サイクル (P-V 線図)

記2種の中間である**サバテサイクル**で動く.

(c) **ガスタービン発電** ガスタービンは内燃機関の一種だが, ピストン機関が断続的な燃焼であるのに対し, 燃焼器で燃料を連続的に燃焼し, そのガスを直接タービンに当てて発電する機関である. ブレイトン熱サイクル (**図3.11**) が基本原理となる.

ガスタービンはもともと航空機のエンジンとして普及したが, 1年近い長時間連続運転ができず, また単機出力や熱効率が低かったことから発電事業用として普及しなかった.

1990年代初め, ガスタービンの構造や金属材料の耐熱性が飛躍的に向上し, ガスタービン発電設備の 100 MW 規模までの大型化, 高温高効率化が可能となりガスタービン技術は民間独立発電事業者 (**IPP** (Independent Power Producer) **事業者**) を中心に飛躍的に普及した. ガスタービンの特徴は (ピストン機関に比べて)

(利点)
- ⅰ) 小型軽量で大出力．
- ⅱ) 回転機関であるため往復運動を回転運動に変えるメカニズムが不要．
- ⅲ) 運動の不つり合いによる振動がない．
- ⅳ) 連続燃焼のため一度着火し起動すると燃料供給停止まで燃焼継続．
- ⅴ) 冷却水が不要．
- ⅵ) 構造は比較的単純で保守・点検が容易．
- ⅶ) 熱効率はピストンエンジンに比べて低いが排熱温度が 600 ℃ と高いことから排熱回収効率が高く総合効率は高い．
- ⅷ) さまざまな燃料が使用可能．
- ⅸ) 燃料がクリーンで煤塵などが非常に少なく排気がクリーン．

ガスタービンは通常，圧縮機・燃焼器・タービンの3要素から構成されている．圧縮機で加圧した気体を燃焼器で加熱し，発生した高温・高圧のガスでタービンを回して，圧縮機の駆動と外部への有効な仕事を取り出す．

ピストンエンジンと同様の働きをするが，ピストンエンジンが各行程を同一のシリンダ内で間欠的に処理するのに対し，ガスタービンはこれらのサイクル過程を各要素が専門に行い，流れ作業的に同時に処理する（図3.12）．

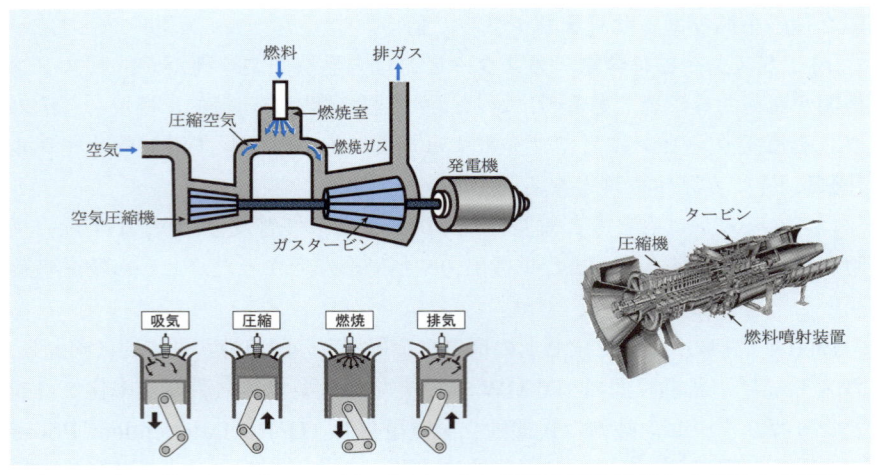

図3.12 ガスタービンエンジンとピストン機関の原理比較および基本的構造

(d) **コンバインドサイクル発電**　コンバインドサイクル発電は燃焼ガス (1,300〜1,500℃) をガスタービンで，それから排気されるガス (600℃前後) を用いて蒸気を発生させて蒸気サイクルで利用して発電するハイブリッド発電である．1980年代に入ってガスタービンの単機容量が100 MW級に増大したこと，天然ガスが安価で安定的に供給されたことなどに伴い急速に普及し2000年代の日本の火力発電の中心になった．その後，天然ガスを燃料として低NO_x燃焼器を導入したことで環境特性も良くなり，また，ガスタービン翼冷却技術の向上からガスタービン入口燃焼ガス温度も1500℃と上昇し，ユニットとしての効率もLHVベースで59％(発電端　図3.13) に達した．従来設備と比較し相対値で約20％高い効率を達成することができた．

さらに，燃料単価の安い石炭をガス化しガスコンバインド発電で効率を高めようとする研究開発が実証段階に差しかかっている (図3.14)．

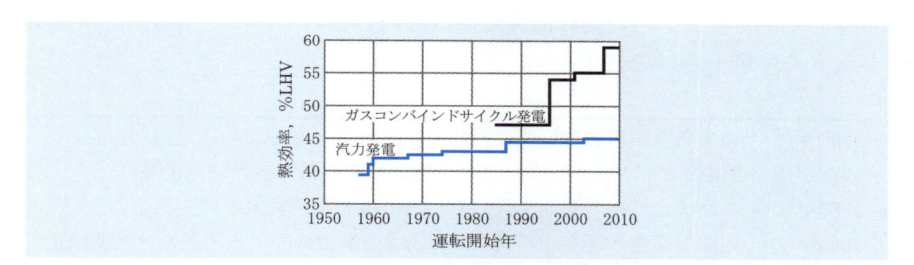

図3.13　ガスコンバインドサイクル効率

写真3.3　ガスコンバインド発電所の例
　　　　　タイ国ノンカエ発電所　121 MW（写真 J-POWER 提供）

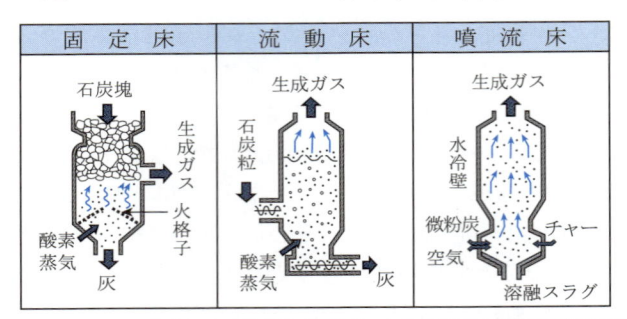

図3.14 石炭ガス化炉の種類とJ-POWER若松石炭試験所のパイロット試験炉

(2) **燃料による分類**

(a) **化石燃料** わが国の火力発電用燃料は，固体（主に石炭），液体（主に重油），気体（主に天然ガス）が用いられている．そのほとんどを海外に依存しているため，燃料別の消費傾向は国内外のエネルギー情勢や政情により大きく影響を受ける．

1950年代	火力発電が増加し始めた時代は国産石炭と安価な輸入重油が中心.
1970年代	2度のオイルショックによる世界的な石油系燃料利用量削減.
1980年代	これにより輸入重油に代わり輸入石炭の利用拡大が図られる.
1990年代	地球温暖環境問題から石炭利用は抑えられLNGによる天然ガス大量輸送.

安価な液体天然ガス（LNG：Liquefied Natural Gas）が普及した．

海外主要諸国の発電用燃料の大部分は基本的に自国産の石炭である．ガスタービンは天然ガスの安価な供給により急速に利用が増大した．ディーゼル機関用の燃料は石油系燃料で，**軽油，A・B重油**が用いられている．

(b) **廃棄物発電** 廃棄物発電（**図3.15**）はごみの減量化，病原菌の高温熱分解による無害化に有効であるとともに，輸入燃料の削減にも寄与することから，国のエネルギー政策の一つに位置付けられ，わが国の1％弱の電力を発生している．

わが国の物質フローは平成19年度に年間約15.5億tの天然資源などの投入量で廃棄物量は約6億t発生した．廃棄物循環使用などにより最終処分量は2,700万tまで減量化した．廃棄物発電は，わが国の物質フローの中で減

3.1 概　説

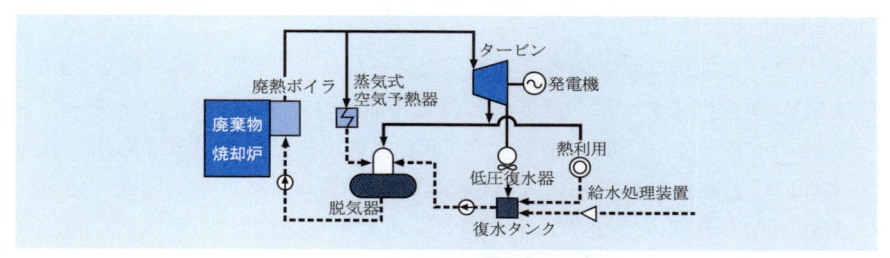

図3.15　廃棄物発電の系統図例

量化に際し焼却すべき5,000万t（**一般廃棄物**と**産業廃棄物**の合計）の一部を利用し発電している．

平成21年度において廃棄物発電施設は304施設あり，発電能力は1673 MWに達している．廃棄物発電は，廃棄物焼却による高温燃焼ガスを利用しボイラで蒸気を作り，蒸気タービンで発電機を回すことで発電するシステムに代表される．利用する燃料は異なるが熱的・原理的には一般の火力発電と同じである．廃棄物発電の特徴は以下の通り．

（利点）
- ⅰ）廃棄物エネルギー利用で化石燃料使用を削減し新たなCO_2発生抑制．
- ⅱ）新エネルギー（太陽・風力・温度差など）より電力連続安定供給可能．
- ⅲ）発電規模は小さいが電力需要地に直結した分散型電源である．
- ⅳ）発電とあわせて排熱を利用した，温水・蒸気供給のコージェネレーションシステムを構築し，燃料のより高い効率利用の可能性がある．

（欠点）
- ⅰ）廃棄物収集量に制約されることから事業用火力発電所のような大容量化は困難で，スケールメリットによる経済性向上は期待できない．
- ⅱ）廃棄物を焼却する際に発生する塩化水素ガスでボイラ過熱器チューブが高温腐食する問題から，過熱器出口蒸気条件は3 MPa, 300℃以下に抑えられ，熱効率も10～15％程度（平成20年度平均11.19％）と低いことや，廃棄物焼却処理に伴い発生するダイオキシン類の排出抑制や焼却灰の減量化などさらなる環境負荷低減が必要．

（高効率化技術）

- ガスタービン排気ガスの熱を利用した**スーパーゴミ発電**技術である．4.5～8 MW 規模ガスタービン発電機と蒸気発電との複合発電で，ガスタービンからの 500～550 ℃ の高温排気ガスを有効利用し蒸気ボイラから出てきた 300 ℃ の過熱蒸気をさらに 350～450 ℃ 前後まで加熱し蒸気発電（12～29 MW）する仕組みで 25% 以上の蒸気発電効率を達成した．
- **RDF 燃焼発電**　廃棄物中の水分，不純物を除去後固形化し，輸送性，貯蔵性を高めた**固形化燃料**（**RDF**：Refuse Derived Fuel）を焼却し発電する RDF 発電技術で発電効率は約 30% に及ぶ（**写真3.4**）．

写真3.4　大牟田リサイクル発電所
　　　　　J-POWER　RDF 発電（日処理量 RDF315 t：20.6 MW）

(c)　**地熱発電**　地下に掘削した坑井から噴出する天然蒸気を用いてタービンを回して行う発電である．エネルギー資源として純国産であること，地球環境に優しいことが大きな特徴である．井戸の深さは 1,000 m から 3,000 m にも達する．

地熱発電は貯留層が蒸気のみの蒸気卓越型で直接過熱蒸気を取り出し発電するものと，蒸気と熱水が混在する熱水混在型で気水分離し利用するもの（**図3.16**）がある．わが国では熱水の貯留層が蒸気卓越型より多い．また，ペンタン（沸点 36 ℃）などの低温で揮発する媒体を利用しタービンを駆動させるバイナリーサイクル発電がある．

日本の地熱発電発電設備容量は世界 8 位の 540 MW でわが国の 0.2% を占

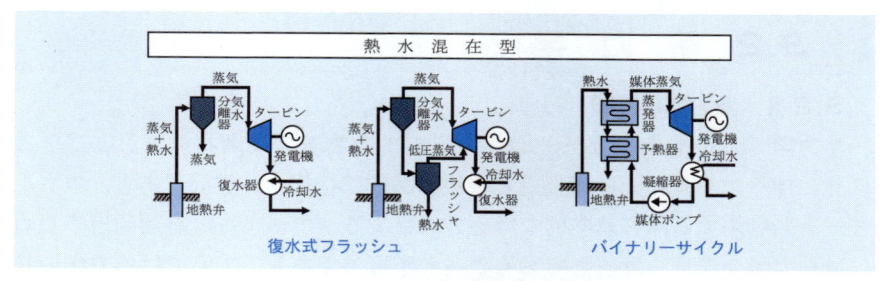

図3.16　各種地熱発電所の概念図

める．日本国内での地熱の理論的埋蔵量である『賦存量』は約 33,000 MW（世界 3 位）である．地形や法規制などの制約条件を考慮した導入ポテンシャルは約 14,200 MW で，経済的要素も考慮すると 1,080〜5,180 MW と環境省は試算している．世界最大の単機容量は 2010 年で 140 MW である．小さな発電所であっても年中昼夜を通して同じ出力で発電し続けられることから，ベースロードとしての価値があり，わが国の 0.3％の発電量を発生している．地熱発電の特徴は以下の通り．

（利点）　i）　CO_2 の発生量が火力発電に比較して極端に小さい．
　　　　ii）　太陽光や風力発電に比べ年中安定したエネルギーを生み出せる．
　　　　iii）　熱源によっては火力発電以下（7〜8 円/kWh）まで低減可能．

（欠点）　i）　地下熱源調査から地熱発電所の運転開始までの期間が長く（15〜20 年），探査や開発に多大な費用がかかる．
　　　　ii）　熱源が国立公園内にあることが多く思うような開発が困難．
　　　　iii）　汲上げによって温泉資源が減少したり，枯渇する可能性がある．
　　　　iv）　汲上げまたは不用水の還元（地下への戻し）により崖崩れの発生．
　　　　v）　汲上げ，不用水の還元によって地震が誘発される（局地地震）．
　　　　vi）　毒性のある気化性物質（硫化水素）によって大気が汚染される．
　　　　vii）　毒性のある気化性物質，固形物質によって大地が汚染される．
　　　　viii）　人工構築物および白煙によって景観が損なわれる．

3.2 熱力学

3.2.1 熱力学の基礎

熱力学（thermodynamics）は，マクロ的な物質の平衡状態，およびその変化に伴うエネルギーの変換過程を現象論的に把握する学問であり，エネルギー有効利用する際に基本的な考え方を与える．エネルギー有効利用のためには熱力学の原理を理解しておくことが不可欠である．本節では熱力学の基本法則，汽力発電の熱サイクルであるランキンサイクル，その応用である再熱，再生サイクルとガスタービンの熱サイクルであるブレイトンサイクルを紹介する．

(1) **熱力学第零法則**（zeroth law of thermodynamics：温度の法則：経験則）

「物体 A と B，B と C がそれぞれ熱平衡ならば，A と C も熱平衡にある．」

熱平衡（equilibrium state）つまり熱的つり合いにある物体同士は同じ温度を持つ．A と B が熱平衡であれば A と B の温度は等しく，B と C が熱平衡であれば B と C の温度は等しいので A と C の温度も等しくなる．温度が等しいことは熱力学的な平衡にあるための必要条件である．温度は**状態量**の一つである．

♣ 状態量

状態量とは，熱力学における用語で，マクロ的な物質系または場の状態だけで一意的に決まり，過去の履歴や経路には依存しない物理量のことである．状態量同士の関係を表す数式を**状態方程式**といい，その変数という意味から**状態変数**ともいう．状態量には量を示す**示量性状態量**と強さを示す**示強性状態量**がある．

示量性：体積，質量，物質量，エントロピー，エンタルピー，内部エネルギー

示強性：圧力，密度，濃度，温度，化学ポテンシャル

仕事や熱量は系の状態が同じでもそこに至る経路によってなした仕事や注入された熱量が異なるので，状態量ではない．ただし熱量を温度で割って積分した量であるエントロピーは，その経路に依存しない状態量である．♣

「第零法則」と呼ばれる理由は，熱力学の体系ができ上がった後に J.C. マクスウェルが基本法則の一つとして数えたためである．第零法則により，温度計つまり温度というものが定義可能となる．

氷点あるいは沸点の水と温度計（たとえば水銀柱）とが熱平衡にある点をそれぞれ 0 度，100 度の基準として**セルシウス度：摂氏 (C) 度**，当時測定できた最低の外気温と体温を 0 度，100 度とした**ファーレンハイト度：華氏 (F) 度**などの温度が定義された．

摂氏 (C) 度と華氏 (F) 度の変換式

$$F = \frac{9}{5}C + 32$$

また，熱力学的に定義される，気体分子が器壁に圧力を及ぼさなくなると考えられる理論上の最低温度を絶対零度としたケルビン度 (K) がある．

ケルビン (K) 度と摂氏 (C) 度の変換式

$$K = C + 273.15$$

以下，温度を表す記号 T はケルビン温度（絶対温度）を指す．

温度が状態量であるということは，ある状態から別の状態に移行した場合の差は移行の仕方に依存しないことである．数式で示すと任意の状態 1 から 2 への線積分 $I = \int_1^2 dT$ は積分の経路に依存せず，循環過程 $\oint dT = 0$ となる．T：絶対温度，d：微分

(2) **熱力学第一法則** (first law of thermodynamics：

　　　エネルギー保存則（the law of the conservation of energy）：経験則)

「熱力学的な系はすべてそれに固有の状態量である内部エネルギー (U) を持つ．内部エネルギーは系が熱量 dQ を吸収すればそれだけ増え，系が外へ向かって仕事 dW を行えばそれだけ減じる．」

第一法則は，熱と他のエネルギー（力学エネルギー，電気エネルギー，核エネルギー，化学エネルギーなど）との変換の割合は一定であり，**閉鎖空間**（図**3.17**）では外部（外界）との物質や熱，仕事のやりとりがない限り，熱および他のエネルギーの総量に変化はないということを示している．数式で示すと

$$dU = dQ - dW, \quad \oint dU = 0 \tag{3.1}$$

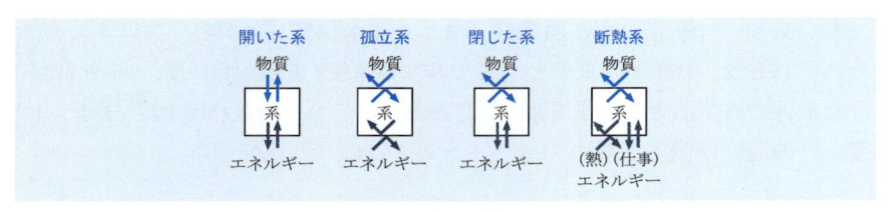

図3.17 系と外界の4つの系

♣ 系と外界

それぞれ物質の集まりを系と呼び，その他の部分を外界と呼ぶ．この物質，エネルギー，外界には「開いた系」,「孤立系」(閉鎖空間),「閉じた系」,「断熱系」の4つの系が存在する．

(3) 状態量としてのエネルギー──エンタルピー

液体や気体を取り扱う場合，体積仕事 PdV（P：圧力，V：体積）が常に現れてくる．特に火力発電のような流れのある開いた系では

$$H = U + PV \tag{3.2}$$

で**エンタルピー**という，内部エネルギーと圧力・体積の積による外部になした仕事量の和である状態エネルギー量を定義すると便利である．仕事や熱量は状態量でないがエンタルピーは状態量 U, P, V で構成されるから，状態量としてのエネルギーである．

$$dH = dU + PdV + VdP \tag{3.3}$$

$dU = dQ - dW$ を代入すると

$$dH = dQ - dW + PdV + VdP \tag{3.4}$$

$$= dQ + VdP \quad (なぜなら -dW + PdV = 0) \tag{3.5}$$

圧力が一定のもとで変化が起こった場合

$$dH = dQ \tag{3.6}$$

となって，系の得たエネルギーはエンタルピーの増加量に一致する．

すなわち，圧力一定のもとで熱を加える場合，加えた熱量は物体のエンタルピー増加に等しい．汽力発電所の熱計算を行う場合に，ボイラや給水加熱

器などで圧力一定のもとで汽水が受け取る熱量がそのエンタルピー増加に等しいとして計算するのは，この関係に基づいている．

実用上はエンタルピーの絶対値に意味はなく，状態変化の前後における絶対値の差だけ意味がある．エンタルピーの基準値として工業上は0℃，760 mmHgの状態を0とするのが普通である．たとえば大気圧下の水に対し0℃の飽和水をエンタルピー0としている．

こうすることで，エンタルピーは以下の3つの熱量の合計値を表す．
① ある一定圧力下で0℃から沸騰温度まで昇温させるに必要な全熱量（h_f）
② 飽和圧力，飽和温度において水を完全に蒸発させるまでに必要な熱量（h_i：initial latent heat）
③ 自ら発生した圧力に抗して自分の空間を作るのに外部になした仕事量．

■ 例題3.1 ■

定圧変化 $dP = 0$ のとき，エンタルピーの増加 dH は熱量増加 dQ と同等であることを示したが，断熱膨張の際のエンタルピーの減少は何を意味するか考察せよ．

【解答】 3.2.2項(6)参照．断熱膨張におけるエンタルピー差は内部エネルギー変化によって発生する体積仕事量と，体積と圧力の積が変化して発生する体積によって外部になされる仕事量の合計値で理論仕事量を表す．

(4) 理想気体の状態変化

空気や蒸気などの実在気体の圧力，温度，容積が変化する状態は簡単な式で表すことはできないが，理想気体（仮想上の気体）は簡単な状態方程式を持っている．多くの実在気体は，近似的に理想気体とみなして差し支えなく，その圧力は低く，温度が高くなるに従い，その状態変化は理想気体に近くなる．

理想気体はボイル-シャル（Boyle-Charles）の法則を満足する．

$$Pv = RT$$

R：普遍気体定数　$8.31\,\mathrm{J\cdot K^{-1}\cdot mol^{-1}}$，$v$：1molあたりの体積

理想気体の各種状態変化には，**可逆変化**（reversible process）と**不可逆変**

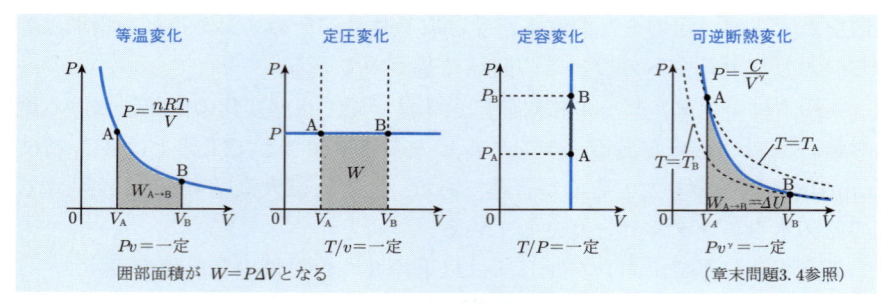

図3.18 各種可逆変化

化（irreversible process）がある．

(a) **可逆変化** 外界を含めすべてを元に戻すことが可能な変化で，等温のもとで変化する**等温変化**，定圧のもとで変化する**定圧変化**，容積一定のもとで変化する**定容変化**，外界と熱交換のない**断熱変化**（図3.18）および前記変化の混合である**ポリトロープ変化**がある．

表3.3 ポリトロープ変化 $Pv^n = $ 一定 の変化

$n = 0$	定圧変化（$P = $ 一定）
$n = 1$	等温変化（$Pv = RT = $ 一定）
$n = r$	断熱変化（γ：比熱比 $= c_p/c_v$）
$n = \infty$	定容変化（$V = $ 一定）

可逆変化は，実は本来変化ではなく，次々に並んだ平衡状態の列である．無限にゆっくりした準静的な過程で系のなし得る仕事は全部利用され，エネルギーの散逸が全く起こらない過程といってよい．実際には摩擦熱などの散逸する熱があるため可逆変化は架空の変化であるが，これを考えることによって初めてはっきりした方程式が得られるので理論熱力学では重要な位置を占める．

(b) **不可逆変化** 系と外界とが完全に元に戻ることが不可能な変化．われわれが実際に経験するのはすべて不可逆過程である．たとえば，高温度物体と低温度物体の接触または混合，摩擦による発熱，熱伝導，気体の自由膨張などがある．

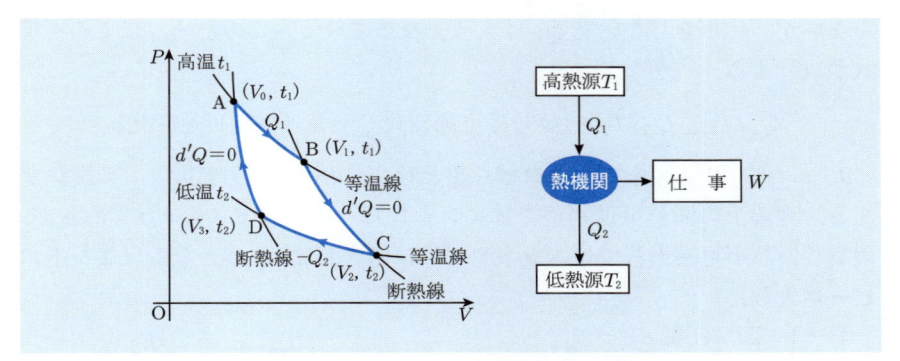

図3.19 カルノーサイクルの P-V 線図

(5) **熱力学第二法則**（second law of thermodynamics　経験則）

第二法則は，エネルギーを他の種類のエネルギーに変換する際，必ず一部分が熱エネルギーに変換されるということ，そして，熱エネルギーを完全に他の種類のエネルギーに変換することは不可能であるということを示している．つまり，どんな種類のエネルギーも最終的には熱エネルギーに変換され，どの種類のエネルギーにも変換できずに再利用が不可能になるということを示す．

(6) **エントロピー**

可逆変化するカルノーサイクルを使って**エントロピー** S を考える．

カルノーサイクルは等温膨張，断熱膨張，等温圧縮，断熱圧縮の順に行われる．等温膨張では高熱源から Q_1 の熱が入り，等温圧縮では低熱源に Q_2 の熱が出て行く（**図3.19**）．この熱機関が外になす仕事 W は熱力学第一法則から

$$W = Q_1 - Q_2$$

絶対温度と移動熱量の間には $Q_2/Q_1 = T_2/T_1$ の関係がある（この関係の証明は章末問題3.2参照）．

可逆サイクルの熱効率

$$\eta = 1 - Q_2/Q_1 = 1 - T_2/T_1$$

摩擦熱やその他の熱として仕事以外のエネルギーが出て行く不可逆変化の熱効率 η_n は，η より小さい．つまり恒温熱源 T_1, T_2 および入熱 Q_1 は変わ

らないが，仕事をしない熱 Q_2 は大きくなっている．このため，以下の不等式が成立する．

$$Q_1/T_1 \leqq Q_2/T_2 \quad (\text{等号は可逆変化，不等号は不可逆変化})$$

$dS = (dQ/T)_{可逆}$ を**エントロピー差**と呼び，$dS > (dQ/T)_{不可逆}$ の関係がある．理論上の断熱可逆過程ではエントロピーは不変で $dS = 0$ であるが，現実の断熱不可逆過程ではエントロピーは増大し $dS > 0$ となる（**エントロピー増大則**）．

$4 \to 1$：断熱圧縮 $dS = 0$
$1 \to 2$：温度 T_1 で Q_1 の熱を等温吸熱，膨張
$2 \to 3$：断熱膨張 $dS = 0$
$3 \to 4$：温度 T_2 で Q_2 の熱を等温放熱，圧縮
$dS = dQ/T$ から $dQ = dST$ で

$$Q_1 = T_1(S_2 - S_1),$$
$$Q_2 = T_2(S_2 - S_1)$$

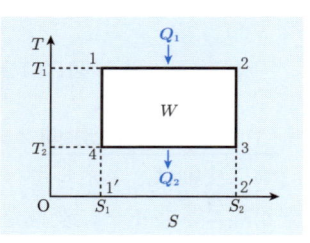

図3.20 カルノーサイクルの T-S 線図

$$\text{理論熱効率} = \frac{W}{Q_1} = \frac{Q_1 - Q_2}{Q_1} = 1 - \frac{T_2}{T_1}$$

で実際の不可逆過程では，必ず上記の理論熱効率より低い．

T-S 線図を使うことで入熱量，出熱量，仕事量を面積で計算でき理論熱効率の計算に便利である．電気回路理論では実空間とラプラス変換後の空間が一意的な関係があるため，実空間の微積分計算はラプラス変換後に四則演算し，その後に実空間へ逆変換することで容易に解が求められた．熱力学でも状態量という一意性を持つエントロピー，絶対温度を使い T-S 線図上の面積を求めることで入熱量，出熱量およびその比率で理論熱効率を簡便に知ることができる．

(7) 熱力学第三法則 (third law of thermodynamics)

「絶対零度でエントロピーは 0 になる．（ネルンスト-プランクの原理）」
第三法則は，絶対零度よりも低い温度はありえないことを示している．

注） 単位質量（1kg）あたりのエンタルピー，エントロピーを，それぞれ比エンタルピー，比エントロピーと呼び，h，s で表す．

(8) 単位

表3.4 熱力学で利用する状態量の単位と換算係数

状態量	記号	単位	単位換算係数
体積	V	m^3	
質量	m	kg	
モル数	n	mol	
エントロピー	S	$J \cdot K^{-1}$	熱化学カロリー1 cal_{th}=4.1840 J
エンタルピー	H	J	国際蒸気カロリー1 cal_{IT}=4.1868 J=1/860$_{int}$ Wh
内部エネルギー	U	J	1 J=1 N・m=1 kg・m^2・s^{-2}
			1 kgf・m=9.80665 J
			1 BTU=1.055040×10^3 J
			1 W=1J・s^{-1}
圧力	P	Pa=N・m^{-2}	1 atm=760 Torr=760 mmHg=1.01325×10^5 Pa
温度	T	K	1 kgf・cm^{-2}=10 mH$_2$O=0.980665×10^5 Pa
			1 bar=10^5 Pa
			1 Torr=1 mmHg=133.322 Pa

3.2.2 汽力発電所のランキンサイクル

(1) 水・蒸気の状態変化

蒸気タービン基本熱機関はランキン(Rankine)サイクルといい，水・蒸気の状態変化を利用した熱サイクルである(図3.21)．

(状態1) 20℃の単位質量の水(亜冷却水)をシリンダーに入れ，自由に動

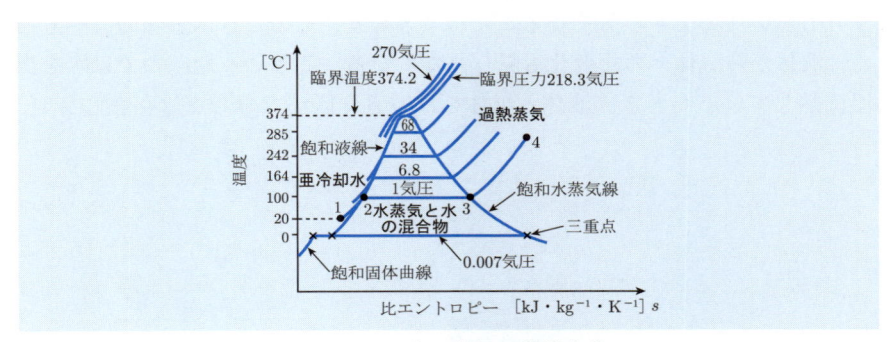

図3.21 水・蒸気の状態変化

くピストンの上に1気圧の圧力に相当する重りを載せて一定の圧力状態に置く．

(状態2) 一定圧力のもとで熱していくと温度もエントロピーも増大して経路 $1 \to 2$ をたどり飽和水となる．

(状態3) さらに熱すると温度は100℃を保ったまま水は沸騰・蒸発して水と蒸気が混じった混合物となる．経路 $2 \to 3$ をたどりやがて飽和蒸気となる．この状態2から状態3に行くのに必要な熱量を**蒸発潜熱**といい1気圧のもとでは $2.26 \times 10^6 \,\mathrm{J \cdot kg^{-1}}$（$539 \,\mathrm{cal \cdot g^{-1}}$）である．

(状態4) 続けて水蒸気を熱すると過熱蒸気となり，温度とエントロピーはさらに増大し続ける．

■ 例題3.2 ■
圧力6.8気圧の場合の水の状態変化を考察せよ．

【解答】 同じ実験をピストンの重りを変えて6.8気圧で行うと，水の沸騰点は164℃となり，蒸発潜熱は $2.07 \times 10^6 \,\mathrm{J \cdot kg^{-1}}$（$493 \,\mathrm{cal \cdot g^{-1}}$）に減少する．

圧力をさらに上げて同様な実験をすると沸騰点は上昇し続ける．やがて臨界点になり蒸発潜熱は0になる．水の臨界点の温度は374.2℃（474 K）で圧力は218.3気圧（2.21×10^7 [Pa] $= 22.1$ [MPa] $= 221$ [bar]）になる．この点を **K点**（ドイツ語でKritischer punkt，英語でcritical point）と呼ぶ．これよりも高い圧力で水蒸気を作ることはできるが，そのときは蒸発の潜熱もなく，液体から気体への相変化も見られなくなる．こういった圧力では水を高温に熱していったとき，液体と気体をはっきり区別できる点は存在しない．

水の三重点

水についてもう一つ興味深い点は0℃という温度である．シリンダー内の水を0℃にして，圧力を0.007気圧（高度の真空）にすると，それは飽和水の状態になる．この温度，圧力で水は固体，液体，気体の三相が共存する三重点と呼ぶ．

それに熱を加えれば水が全部蒸発してしまうまで，0℃で沸騰する．一方，この0℃の飽和水から熱を取り去るとそれは同じ温度で凍って固体（氷）になる．融解の潜熱 $3.34 \times 10^5 \, \text{J} \cdot \text{kg}^{-1}$（79.7 cal·g^{-1}）だけ熱を取り去ると，水はすべて氷になり，それから温度は下がり始める．

0℃以下では飽和水の線はなく水は氷または水蒸気としてのみ存在する．これが冬の寒い日に空気中の水蒸気が直接凍って雪や霜になる現象である．またその温度領域では，氷は直接蒸発（昇華）して水蒸気となる．

(2) 単純サイクル

蒸気原動機の基本的構成要素は，ボイラ，蒸気タービン，復水器および給水ポンプである．作動流体である水の状態変化をT-S線図で示すと，図3.22に示す4つの過程に大別できる．

給水ポンプで断熱圧縮（③→④），ボイラで燃料の熱を定圧吸熱（④→①），タービンを回しながら断熱膨張（①→②），復水器で冷却水と熱交換し定圧放熱（②→③）する．

このランキンサイクルのT-S線図を利用し面積を測ることで理論熱効率を知ることができる．**単純サイクル**（single cycle）のランキンサイクルの場合，図3.22に示すWの面積（③④①②）と冷却水で放熱されるQ_{out}の面積（③② ba）で理論熱効率ηは$\eta = W/(W + Q_{\text{out}})$で表せる．①の高さは

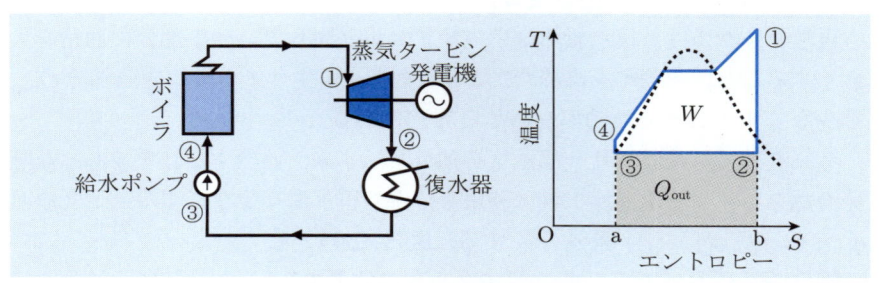

図3.22　単純サイクルの汽力発電と水・蒸気系統とランキンサイクルT-S線図

例題3.3

T-S 線図上の面積が熱量 Q と等しいことを説明せよ．

【解答】 $dS = dQ/T$ だから
T-S 線図上の面積は $\int TdS = \int dQ$ で熱量を示す． ■

(3) 再熱サイクル（図3.23）

熱サイクルの効率向上のため，いったん仕事を終えた蒸気を復水に戻す前に，再度，加熱し蒸気タービンに戻し仕事をさせる熱機関を**再熱サイクル**という．ランキンサイクルを見ると，W に相当する部分は頂が2つになり面積が増え，一方で放熱部分の面積は同じであることから，理論熱効率は高くなる．さらに効率を高くするために，もう一度再熱し蒸気タービンに戻し，仕事させる熱機関を**2段再熱サイクル**という．

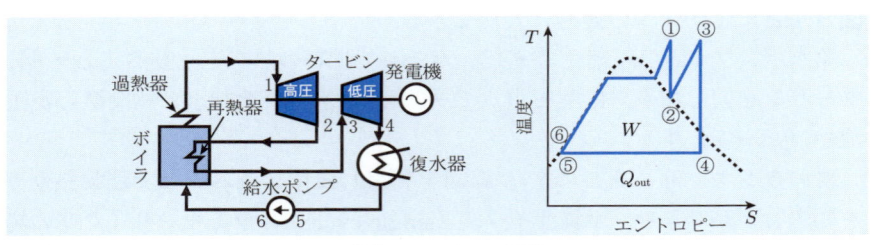

図3.23 蒸気タービンの再熱サイクル

(4) 再生サイクル（図3.24）

再熱サイクルは，復水放熱は単純サイクルと同じで，仕事部分の面積を大きくすることで熱効率を高めた．これに対し，**再生サイクル**は放熱部分 Q_{out} を少なくすることで熱効率を高める方式である．

蒸気タービン後段より一部蒸気を抽気し，本来，放熱するはずであった蒸発潜熱をボイラ給水温度上昇に利用し，かつ復水量を少なくすることで放熱 q_{out}（$= Q_{\text{out}}(1-y)$）を少なくする（図3.24）．

図3.24においてランキンサイクル5の位置で1kgの蒸気のサイクルを考える．タービン中段⑥の位置から蒸気を y [kg] 抽気すると復水器で凝縮す

3.2 熱力学

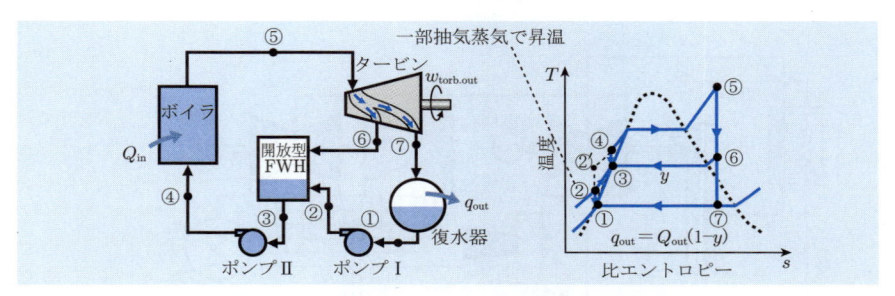

図3.24 再生サイクルとランキンサイクル

るのは $1-y$ [kg] と減少し放熱圧縮の際の放熱量が減る．抽気した蒸気の蒸発潜熱は給水加熱器で回収されボイラ入り口前の給水温度を②→③まで昇温させ，ボイラで加熱させる熱量 Q_{in} をその分減少させる．

単純サイクル時の入熱量を Q_{in} [kg^{-1}]，放熱量を Q_{out} [kg^{-1}] とすると再生サイクルの放熱量は $Q_{out}(1-y)$，入熱量は $Q_{in} - yQ_{out}$ となるから

$$\text{熱効率 } \eta = \frac{(Q_{in} - yQ_{out}) - Q_{out}(1-y)}{Q_{in} - yQ_{out}}$$

$$= \frac{Q_{in} - Q_{out}}{Q_{in} - yQ_{out}} > \frac{Q_{in} - Q_{out}}{Q_{in}}$$

となり再生サイクルの出力は同じだが，ボイラでの入熱が減った分，単純サイクルより熱効率は向上する．上記式はランキンサイクル⑥の位置と⑦の位置が非常に近い場合の近似例であり，単純サイクルで⑥から⑦までの落差で発生する仕事量減を無視した．正確に熱効率を計算するには各位置のエンタルピーを把握し計算する必要がある．

抽気蒸気は通常いくつかの段落で抽気され熱的に見合った給水加熱器に供給される（図3.25）．その際にまだ動力に変換できる熱も十分に残っている場合もある．このため，抽気箇所と量に関して綿密に繰り返し計算を行い最高効率になるような設計が必要である．

再生サイクルを熱サイクル図で定量的に理論効率を表現するためには立体化しなければならず，煩雑で解りにくいためメリットがない．

抽気圧力と給水加熱器での圧力はほぼ同じであるため式 (3.6) から $dH = dQ$ の関係を利用しエンタルピー計算で熱勘定し効率計算を行うことが一般的

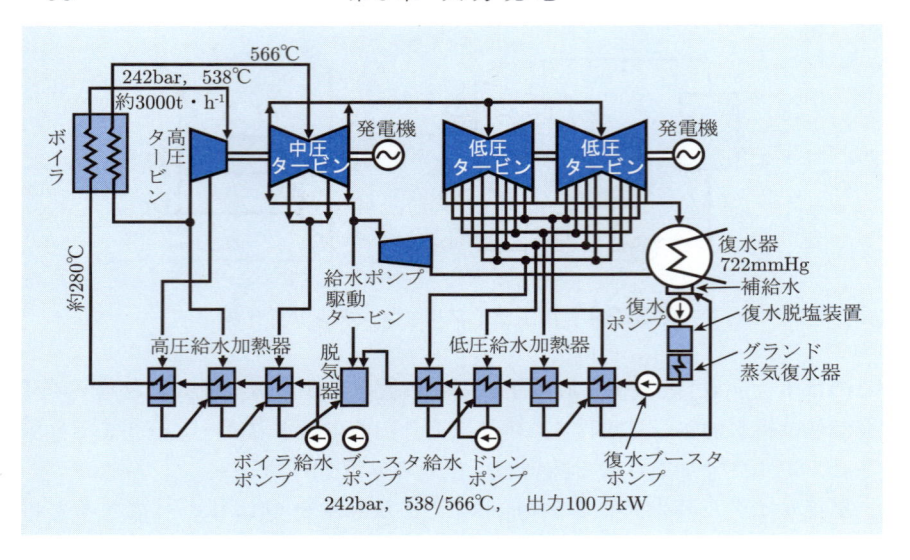

図3.25 超臨界ユニットの再熱・再生サイクルの水・蒸気系統例
（出典） 飯島・加賀野井・堀・宮岡・安井・山崎・山根
「火力発電 改訂版」，図2.28（p.40），電気学会，1985

である．エンタルピーを使うことで体積エネルギーも給水への熱量に加算できる．

(5) 高温・高圧化

蒸気の温度条件をより高温・高圧にし，臨界点を超える蒸気を利用することでQ_{out}を変えずに，図3.23の頂部分①と③を高くして，この図のW部分の面積をより大きくすることで熱効率をより高くできる．現在は頂①で600℃，頂③で620℃が世界最高（J-POWER磯子石炭火力発電所）である．

また，再熱サイクルをさらに一段加えた2段再熱再生サイクルで蒸気条件も臨界点を超える**超臨界圧**（**SC**：Super Critical）発電で仕事Wの面積をさらに大きくし高効率を達成しようとした設備もあった．

現在は，蒸気条件のさらなる高温・高圧化に加え2段再熱を行う計画が検討されている．

(6) ランキンサイクルの T-s 線図と h-s 線図

特定の（飽和）温度あるいは（飽和）圧力で水・蒸気の比容積，比エンタルピー，比エントロピーを表に整理したものを**蒸気表**という．

横軸に比エントロピー，縦軸に温度をとり，比エンタルピー，圧力，比容積（密度）をプロットしたものが T-s 線図である．一方，横軸に比エントロピー，縦軸に比エンタルピーをとり，温度，圧力，比容積（密度）をプロットしたものを h-s 線図という（創案者の名前から**モリエ線図**ともいう）（図3.26）．

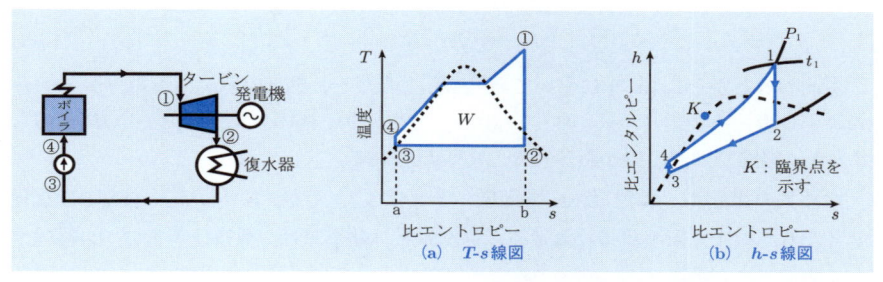

図3.26 単純サイクルのランキンサイクルにおける T-s 線図と h-s 線図

h-s 線図を使うことにより圧力 P_1 から圧力 P_2 まで蒸気が断熱膨張するときの変化は垂直線 1-2 で示される．変化の始めと終わりの比エンタルピーをそれぞれ h_1, h_2 とすれば断熱膨張は $dQ = 0$ のため，式 (3.4) の $dH = dQ - dW + PdV + VdP$ から，1kg あたりのエンタルピー差 $-dh$ は以下の通り表現できる．

$$-dh = w - (Pdv + vdP) \quad \text{（1kg あたりで計算）} \tag{3.7}$$

$$Pdv + vdP = d(Pv)$$

エンタルピー差は内部エネルギーの変化によって発生する体積仕事量（絶対仕事：$w = Pdv$）と断熱膨張のために変化する体積膨張と圧力降下によって放出される仕事量（流れの仕事：$-d(Pv)$）の合計値で**理論仕事量**（工業仕事：$-vdP$）と呼ぶ（3.6.1 項 (5) 参照）．

♣ 断熱膨張によって変化する体積仕事量の変化

断熱膨張における vdP と Pdv の違いを検証する．
断熱膨張の場合 $Pv^\gamma = C$（一定）だから $P = Cv^{-\gamma}$，比熱比 $\gamma = C_p/C_v$
よって

$$Pdv = Cv^{-\gamma}dv \tag{3.8}$$

また

$$\begin{aligned} vdP &= v\frac{dP}{dv}dv = v\frac{dCv^{-\gamma}}{dv}dv \\ &= v(-\gamma Cv^{-\gamma-1})dv \\ &= -\gamma Cv^{-\gamma}dv \end{aligned} \tag{3.9}$$

上記のことから式 (3.7) において断熱膨張した場合，蒸気内部エネルギーから Pdv のエネルギーを放出（$-w + Pdv = 0$）し，Pdv の γ 倍のエンタルピー vdP を減らす．$h\text{-}s$ 線図ではこの値が熱落差として表現される．

水蒸気の比熱比 γ は温度・圧力が低いときは 1.33 だが，圧力が高くなると 1.2 程度となる．つまり断熱膨張におけるエンタルピー熱落差は，体積仕事量の 1.2 倍程度となる． ♣

3.2.3 ガスタービンのブレイトンサイクル

(1) ガスタービン

ガスタービンは，図3.27に示すブレイトンサイクルと呼ぶ熱サイクルに沿って定圧冷却（空気吸気），断熱（空気）圧縮，定圧過熱（燃焼），断熱膨張（ガス排気）のサイクルの定圧変化と断熱変化で運動する．$T\text{-}S$ 線図で熱サイクルに囲まれた部分が仕事量になる．ここでは入出熱量から熱効率を求める．

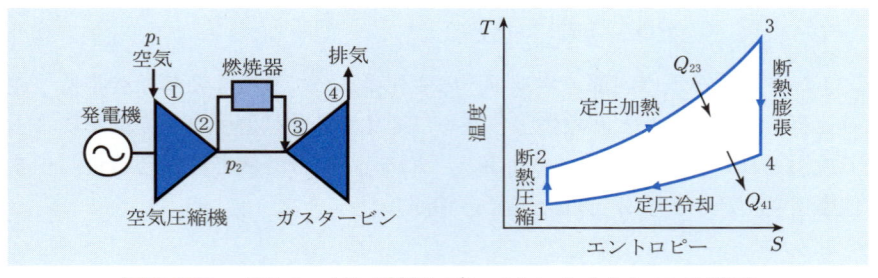

図3.27 ガスタービン系統とブレイトンサイクル $T\text{-}S$ 線図

定圧変化のため，式 (3.6) より $dQ = dH$ なので，熱効率は，

$$\eta = \frac{Q_{23} - Q_{41}}{Q_{23}} = \frac{\Delta H_{23} + \Delta H_{41}}{\Delta H_{23}}$$

$$= \frac{C_P(T_3 - T_2) + C_P(T_1 - T_4)}{C_P(T_3 - T_2)}$$

$$= 1 - \frac{T_4 - T_1}{T_3 - T_2}$$

圧力比 $p_2/p_1 = n$, $C_P/C_V = \gamma$, 断熱圧縮 $TV^{\gamma-1} = $ 一定 から（詳しくは章末問題 3.3 の解答参照）

$$\frac{T_1}{T_2} = \frac{T_4}{T_3} = \left(\frac{1}{n}\right)^{\frac{r-1}{r}}$$

$$1 - \frac{T_4 - T_1}{T_3 - T_2} = 1 - \frac{T_3 \left(\frac{1}{n}\right)^{\frac{r-1}{r}} - T_2 \left(\frac{1}{n}\right)^{\frac{r-1}{r}}}{T_3 - T_2}$$

$$= 1 - \left(\frac{1}{n}\right)^{\frac{r-1}{r}}$$

ブレイトンサイクルの熱効率は圧力比 n によって決定される．

（ブレイトンサイクル P-V 線図は図3.11参照）

(2) コンバインドサイクル

コンバインドサイクル（図3.28）は，ガス燃焼ブレイトンサイクルによる発電と排ガスの熱回収で発生した蒸気ランキンサイクルによる発電のハイブリッドで，**複合発電**ともいう．ガスタービンで仕事を終えた 600℃ 前後の排ガスの熱を**排熱回収ボイラ**（**HRSG**：Heat Recovery Steam Generator）で回収し，蒸気タービンを駆動させるシステムである．ガスタービンで 1500℃ 前後の高温ガスの高いポテンシャルから発電することためコンバインドサイクル発電の熱効率は高い．

最近の大型天然ガス発電ではガスタービンで燃料入熱量に対し 40% 近くまで発電し，排熱回収した蒸気タービンで燃料入熱量に対し 20% まで発電し，あわせて 60% の熱効率に達している．

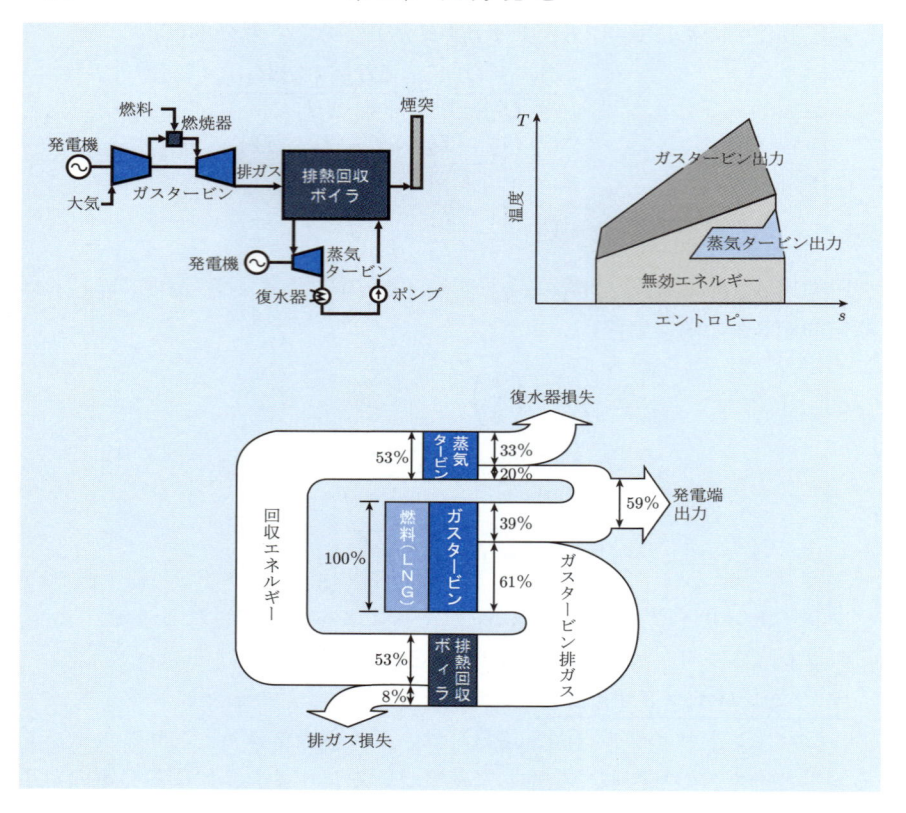

図3.28 コンバインドサイクルの蒸気・ガス系統と T-s 線図および熱の流れの例

3.3 燃料・燃焼

3.3.1 燃料
(1) 固体燃料

(a) **石炭の特徴**　発電に使用される固体燃料のほとんどは石炭である．

石炭は，植物が地球の造山活動などにより地中に埋められ，長い年月をかけ炭状に変化し石炭化したと考えられている．石炭化の期間が長いほど炭素比率が高くなる傾向がある．発熱量は石炭によって異なるが，現在わが国で発電用に用いられているものは約 $6,500\,\mathrm{kcal\cdot kg^{-1}}$（$27.2\,\mathrm{MJ\cdot kg^{-1}}$）と，諸外国で利用される発電用石炭より高品質高発熱量である．

石炭の特徴を以下に示す．
- 埋蔵量が多く（3.1 節の**表3.1**参照），世界的に偏在することなく供給源が多いことから安定供給が見込める．
- 石炭の性状に大きく幅があり非常に多種多様の石炭種が存在する．
  （原因）・気候，土質などが異なり根源となる植物の種類が異なる．
  　　　　・石炭化過程や混在する土壌などが異なる．
  　　　　・生成年代が異なる．
- 石炭は固体であるため石油のように簡単に性状を調節できない．

上記の特徴から性状に応じた最適な利用方法や環境対策装置を採用していく必要がある．石炭利用時に性状を的確に把握することが非常に重要である．

(b) **石炭の分類方法**　植物から石炭に変化していく石炭化過程の進行度をもとに分類する方法が通常用いられ，これを炭化度による分類と呼んでいる．

わが国では，次の 2 つの因子（燃料比（＝ 固定炭素/揮発分量）と発熱量）を組み合わせた分類法がとられている（**表3.5**）．
- 石炭化が進んだ無煙炭と瀝青炭の一部で，燃焼のしやすさを示す因子である燃料比（燃焼性の悪い固定炭素の，燃焼性の良い揮発分に対する重量比率）により分類され，
- 石炭化の進んでいない褐炭，亜瀝青炭と瀝青炭の一部では発熱量により分類されている．
- 石炭化が進んだ石炭は，燃料比と発熱量が高くなり，石炭化が進んでいない石炭は，燃料比，発熱量ともに低くなる．

表3.5 石炭分類 (JIS M 1002)

分類		発熱量 補正無水無灰基 kJ・kg^{-1} (kcal・kg^{-1})	燃料比	粘結性
炭質	区分			
無煙炭 (A) anthracite	A$_1$	───	4.0以上	非粘結
	A$_2$			
瀝青炭 (B, C) bituminous	B$_1$	35160以上 (8400以上)	1.5以上	強粘結
	B$_2$		1.5未満	
	C	33910以上35160未満 (8100以上8400未満)	───	粘結
亜瀝青炭 (D, E) sub-bituminous	D	32650以上33910未満 (7800以上8100未満)	───	弱粘結
	E	30560以上32650未満 (7300以上7800未満)	───	非粘結
褐炭 (F) lignite	F$_1$	29470以上30560未満 (6800以上7300未満)	───	非粘結
	F$_2$	24280以上29470未満 (5800以上6800未満)	───	

♣ 石炭性状評価方法

　石炭性状を評価する方法の主なものとして**工業分析**と**元素分析**があり，この2通りの分析で石炭性状を十分に把握することが可能である．

　ⅰ) **工業分析**　空気中で乾燥した試料 (air dry 基準：ad と表記) について，水分，灰分，揮発分を定量し，固定炭素を算出することをいう．

● 水分が多く含まれると発熱量が低くなるととともに着火が悪くなる．
● 灰分は石炭中に存在する不燃の成分であり，石炭の起源となった植物中のミネラルや石炭化過程で混在した土壌などから構成される．灰分が多く含まれると発熱量が低くなるばかりでなく，石炭利用後に排出される廃棄物 (石炭灰，二酸化硫黄，酸化窒素) 量が多くなる．
● 揮発分と固定炭素分はいずれも可燃分であるが，揮発分は高温条件において容易に気化する成分で極めて燃焼しやすい特徴を持つ．固定炭素分は固体の炭素の集合体であり燃焼性が悪く，燃焼後に石炭灰の中に未燃分として残りやすい．

　ⅱ) **石炭の元素分析**　炭素，水素，酸素，全硫黄，燃焼性硫黄，窒素，リンなどの元素量を定量することをいう．

● すべての石炭において炭素は可燃分の主成分である．
● 炭化の進んでいない炭において水素の割合が多くなる．

- 酸素の割合は炭化の遅れに従い多くなる．
- 全硫黄は石炭中に含まれる全部の硫黄を示し，燃焼性硫黄は石炭を電気炉で815±10℃で2時間熱したときに残る硫黄量を全硫黄から引いたものを示す（流動床ボイラは830℃前後で燃焼するため）．

元素分析の値は，石炭の性質を知り，また，燃焼計算を行う場合にも必要．炭素含有率が水素含有率に比べて多い石炭は，二酸化炭素発生量が多くなる．硫黄含有率が多い場合には硫黄酸化物が多く発生する．窒素含有率の多い場合も窒素酸化物が多く発生しやすくなるので環境保全に注意しなければならない． ♣

石炭性状は極めて多岐にわたるが，通常は炭田別にまとめられる（**表3.6**）．

■ 例題3.4 ■
発電に使用される固体燃料の特徴を示せ．

【解答】 3.3.1項（1）固体燃料の（a）石炭の特徴参照． ■

(2) 液体燃料
ボイラ用液体燃料として主に重油が使用され，点火用として軽油が使用される．公害対策用として原油やナフサも使用されてきた．ディーゼル用燃料としてはA またはB 重油または軽油が使用されるがC 重油も使用されることがある．A 重油，B 重油およびC 重油は動粘度によって区分される（**表3.7**）．

(3) 気体燃料
発電用気体燃料として使用されるのは主に天然ガスである．天然ガス以外は，液体燃料または固体燃料から製造される人工ガスが利用される．わが国では**輸入液化天然ガスメタン（LNG：Liquefied Natural Gas）**に依存している．人工ガスは高炉ガス精油所，ガス，液化石油ガス，石炭ガスがある．

天然ガスは天然に産出する可燃性ガスでメタンを主成分とする．液化技術の確立により液化天然ガス用タンカでの輸送が容易になったことからその利用が急拡大し，発電効率の高いコンバインドサイクル発電に利用されている．

これらの他に不純物として水・炭酸ガス・硫黄酸化物・硫化水素などを含む（**表3.8**）．

表3.6 各種石炭の分析

国別	銘柄	発熱量 [MJ·kg⁻¹]	全水分*1 [%]	工業分析 [%]*2				燃料比	元素分析 [%]*3					
				水分	灰分	揮発分	固定炭素		炭素	水素	窒素	酸素	硫黄	全硫黄
豪州	ドレイトン	28.4	9.9	3.4	13.3	34.5	48.8	1.4	71.1	4.9	1.4	8.1	0.8	0.9
	ニューランズ	28.0	8.4	3.0	15.0	26.6	55.4	2.1	69.1	4.1	1.4	7.0	0.4	0.4
	ハンターバレー	29.6	8.0	3.5	11.2	34.0	51.3	1.5	72.7	4.5	1.6	9.3	0.3	0.6
	レミントン	28.4	9.9	3.7	13.0	32.3	51.0	1.6	71.9	4.5	1.5	8.2	0.4	0.4
	ワークワース	28.9	9.6	3.6	11.8	32.8	51.8	1.6	69.1	4.6	1.5	8.9	0.4	0.4
インドネシア	サツイ	28.8	9.5	5.1	7.9	41.9	45.1	1.1	72.4	5.5	1.2	11.9	0.7	0.8
アメリカ	ピナクル	27.2	8.3	4.6	13.4	40.9	41.1	1.0	68.2	5.6	1.4	10.3	0.6	0.7
	プラトー	25.1	9.8	6.0	9.3	41.8	42.9	1.0	72.8	5.5	1.5	11.2	0.7	0.9
中国	大同	29.6	10.1	5.1	7.0	28.1	59.8	2.1	78.2	4.5	0.8	8.8	0.6	0.7
	南屯	28.4	8.0	4.0	16.0	36.2	43.8	1.2	83.0	5.2	1.6	9.8	0.5	0.8
カナダ	オーベットマーシュ	25.3	8.0	5.0	14.0	37.0	44.0	1.2	64.3	4.6	1.5	14.3	0.3	0.4
	コールバレー	26.1	11.3	6.4	10.7	33.5	49.3	1.5	69.7	4.7	0.9	13.1	0.1	0.3
南アフリカ	エルメロ	27.8	7.6	3.5	12.9	31.4	52.2	1.7	72.0	4.4	1.7	7.9	0.6	0.8
	オプティマム	28.5	8.2	3.8	10.7	32.4	53.1	1.6	72.9	4.9	1.6	9.1	0.5	0.6

*1:到着ベース　*2:気乾ベース　*3:無水ベース

表3.7 液体燃料である重油の規格 (JIS K 2205)

種類			性状 反応	引火点 ℃	動粘度 (50℃) cSt (mm²·s⁻¹)	流動点 ℃	残留炭素分 質量%	水分 容量%	灰分 質量%	硫黄分 質量%	
A重油 (A重油)	1種	1号	中性	60 以上	20 以下 (20 以下)	(注) 5 以下	4 以下	0.3 以下	0.05 以下	0.5 以下	(LSA 重油)
		2号	中性	60 以上	20 以下 (20 以下)	(注) 5 以下	4 以下	0.3 以下	0.05 以下	2.0 以下	(HSA 重油)
B重油 (B重油)	2種		中性	60 以上	50 以下 (50 以下)	(注) 10 以下	8 以下	0.4 以下	0.05 以下	3.0 以下	
C重油	3種 (C重油)	1号	中性	70 以上	250 以下 (250 以下)	—	—	0.5 以下	0.1 以下	3.5 以下	
		2号	中性	70 以上	400 以下 (400 以下)	—	—	0.6 以下	0.1 以下	—	
		3号	中性	70 以上	400を超え1000以下 (400を超え1000以下)	—	—	2.0 以下	—	—	

注) 1種及び2種の寒候用のものの流動点は0℃以下とし，1種の暖候用の流動点は10℃以下とする．A重油の1種1号は，硫黄分が0.5%以下とされ，**LSA重油**(Low Sulfur A Fuel Oil)とも呼ばれる．同じくA重油1種2号は，硫黄分が0.5%以上2.0%以下とされ，**HSA重油**(High Sulfur A Fuel Oil)とも呼ばれる．

表3.8　天然ガスの産地による成分の違いの例（単位%）

産地	メタン	エタン	プロパン	ブタン	ペンタン	窒素
ケナイ（アラスカ）	99.81	0.07	0	0	0	0.12
ルムート（ブルネイ）	89.83	5.89	2.92	1.3	0.04	0.02
ダス（アブダビ）	82.07	15.86	1.86	0.13	0	0.05

3.3.2　燃　焼

(1)　化石燃料の燃焼反応

化学の言葉では，「燃焼とは，発熱と発光を伴う酸化反応」である．

燃料は気体，液体，固体を問わずいずれも C, H, O などの元素がいろいろな形に結合されてできており，これが酸素と急速に結合して光と熱を発生する現象が燃焼である．いずれも最後には CO_2, H_2O などに変換されるが，その際の発生熱量（**表3.9**）をできるだけ有効に利用するのが熱設備の目的である．

表3.9　化石燃料の燃焼反応

水素	$H_2 + \frac{1}{2}O_2 = H_2O$	$+241.1$	[$kJ \cdot mol^{-1}$]
一酸化炭素	$CO + \frac{1}{2}O_2 = CO_2$	$+283$	[$kJ \cdot mol^{-1}$]
炭素（完全燃焼）	$C + O_2 = CO_2$	$+406$	[$kJ \cdot mol^{-1}$]
炭素（不完全燃焼）	$C + \frac{1}{2}O_2 = CO$	$+123.1$	[$kJ \cdot mol^{-1}$]
硫黄	$S + O_2 = SO_2$	$+296.8$	[$kJ \cdot mol^{-1}$]
メタン	$CH_4 + 2O_2 = CO_2 + 2H_2O$	$+799.6$	[$kJ \cdot mol^{-1}$]
プロパン	$C_3H_8 + 5O_2 = 3CO_2 + 4H_2O$	$+2086$	[$kJ \cdot mol^{-1}$]
エチレン	$C_2H_4 + 3O_2 = 2CO_2 + 2H_2O$	$+1305.2$	[$kJ \cdot mol^{-1}$]

(2)　着火温度（発火温度，発火点）

燃料の周囲をある温度に保ち，充分時間をおいたときに発火が起こる温度の最低値を，最低着火温度（最低発火温度）とする．この最低着火温度（最低発火温度）を単に**着火温度（発火温度，発火点）**と呼ぶことが多い．

(3)　引火温度

すでに存在している火から，火が移ってそこに新しい火ができることを**引火**という．引火するための最低の温度を**引火点**という．

引火は，固体または液体の温度が上がって，その表面の飽和蒸気圧と空気の混合物の組成が燃焼範囲（爆発範囲）に入り着火可能となることである．

物質の引火点の例：ガソリン -40℃，エーテル $-40 \sim -20$℃

(4) 燃焼現象

燃焼現象は，自力で反応を維持してゆく反応である．そのため，反応進行中に熱を次々と発生し，温度をある値以上に保つ必要がある．

発火が起こるための第一条件は，まず発火に至る化学反応が発熱過程でなければならない．化学反応はたくさん並行して起こり，それぞれの段階は発熱または吸熱の反応だが，燃焼が起こるためには，全体として「発熱」でなければならない．燃料の気体と空気が混合したものが燃焼する場合，熱の発生速度は図3.29のAのような山型になる．組成に対する熱の逃散速度がほぼ一定とすると，図3.29のBのような直線になる．

　A＞Bの範囲…燃焼が進行
　A＜Bの範囲…燃焼を維持不可

熱の発生速度が散逸速度よりも大きく，燃焼が持続可能な燃料ガスの濃度範囲を燃焼範囲（爆発範囲　表3.10）と呼ぶ．

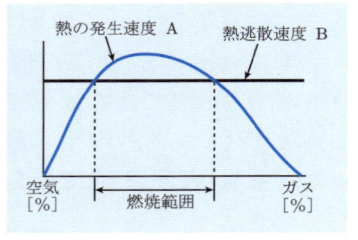

図3.29　空気中のガス混合比率と燃焼範囲（イメージ図）

■ **例題3.5** ■

水素，メタンガスの爆発限界範囲はいくらか．

【解答】　表3.10参照．水素は火力発電設備の発電機冷却に使用されており爆発限界4.0〜75％であり，水素を取り扱う場合，この範囲を極力避けて運用する．また，メタンは燃料として使用されその爆発限界は5〜15％でありこの限度内に入らないように運用や保管に留意しなければならない．

表3.10　可燃性物質の引火点，発火点，爆発限界（火力発電所関連）

物質名	分子式	沸点 [℃]	気体または蒸気の空気に対する比重	引火点 [℃]	発火点 [℃]	爆発限界 [vol%] 下限	爆発限界 [vol%] 上限
アンモニア	NH_3	－33.3	0.537	ガス	651	16	25
一酸化炭素	CO	－192	0.886	ガス	609	12.5	74
ケロシン（灯油）	―	150〜280	―	43〜72	261	0.7	5.0
水素	H_2	－259.1	0.069	ガス	500	4.0	75
プロパン	C_3H_8	－42.1	1.53	ガス	432	2.1	9.5
メタン	CH_4	－161.6	0.56	ガス	537	5.0	15.0

多くの化学反応において，次式のアレニウスの式が成立することが認められる．

$$k = A \exp\left(-\frac{E_\mathrm{a}}{RT}\right)$$

ここで，k：反応速度係数，A：頻度因子，E_a：活性化エネルギー，T：絶対温度，R：気体定数．

反応速度は，温度が上昇すると急激に速くなる．しかし，固体燃料の場合，ある程度反応速度が大きくなると燃料と空気の界面に燃焼生成物の濃度が増し酸素が燃料表面へ達することが妨げられ，反応速度の上昇率は低下する．燃焼は燃料界面での燃焼生成物と酸素の入れかわる速さと，化学反応速度のいずれか遅いほうが燃焼速度を決めることになる．

可燃性物質の他に粉塵による爆発現象がある（表3.11）．

表3.11 瀝青炭の炭塵爆発特性

粉塵の種類	浮遊粉塵の発火点	最小点火エネルギー	爆発下限濃度	最大爆発圧力	圧力上昇速度		限界酸素濃度	許容酸素濃度
	℃	MJ	$\mathrm{g \cdot m^{-3}}$	$\mathrm{kg \cdot m^{-2}}$	平均	最大	%	%
石炭（瀝青）	610	40	35	3.2	25	56	16	—

粉塵爆発が起きるためには，粉塵雲，着火源，酸素の3条件が揃わなければならない．粉塵爆発は空中に浮遊している粉塵が燃焼し，燃焼が継続して伝播していくことで起きる．浮遊する粉塵の粒子間距離が空きすぎていると，燃焼が伝播せず爆発は起きない．この爆発が伝播できる最低の密度を**爆発下限濃度**と呼ぶ．逆に密度が濃すぎると，燃焼するための十分な酸素が空間に無いため，燃焼が継続できず爆発しない．燃焼が継続できる適度な隙間が空いている濃度を**爆発上限濃度**と呼ぶ．

■ **例題3.6** ■

瀝青炭の炭塵爆発下限濃度はいくらか．

【解答】 瀝青炭の許容炭塵爆発濃度下限濃度は $35\,\mathrm{g \cdot m^{-3}}$ であり，輸送コンベアや室内の炭塵爆発濃度下限濃度以下に保つとともに着火元を作らないよう注意する必要がある（表3.11参照）．

3.4 ボイラ

3.4.1 発電用ボイラ

ボイラは燃料の持つ化学熱を燃焼によって熱に変え，その熱を用い高圧の水を蒸気にする機器である．発電事業用ボイラに蒸気を亜臨界圧で運用し，発生した蒸気と熱水の混合体をドラムで汽水分離する**ドラム（drum）式ボイラ**と，亜臨界圧ボイラまたは超臨界圧ボイラで運用し汽水分離器で蒸気を分離，または直接蒸発配管の中で蒸発させる**貫流式ボイラ**がある（**表3.12**）．

3.4.2 亜臨界圧ボイラと超臨界圧ボイラ

3.2節の**図3.22**で W の面積を大きくすることで蒸気タービン熱効率は向上することを示した． W の部分を大きくするためには水の臨界点（K点）に近づけ過熱蒸気を立ち上げ，過熱蒸気温度と再熱蒸気温度をできるだけ高くすることである．このため，ボイラは高温・高圧耐性が要求される．

亜臨界圧ボイラは 660 MW 以下の発電設備に利用される．**超臨界圧貫流式ボイラ**は 350 MW 以上で実績がある．一般的に**亜臨界圧ドラム式ボイラ**は重量が重いが，超臨界圧貫流式ボイラは高温に耐える高級材料を使用しているため軽量だが高価といわれている．350～700 MW の範囲では国情による燃料価格や技術水準を勘案し機種を選定する．わが国では 500 MW 以上で輸入炭利用超臨界圧貫流式ボイラを採用しているが，燃料の安いオーストラリアなどの資源国では 660 MW でも国産亜臨界ドラム方式を採用している．

(1) 亜臨界圧ボイラ

ボイラ配管の高温・高圧耐性が十分でなかった時代は亜臨界ドラム方式が主流だった．タービン復水，低圧給水系統を通ってきた水は給水ポンプで加圧され高圧給水加熱器，**ボイラ節炭器**（economizer）を通りドラムに水を送

表3.12　発電用ボイラの分類

圧力分類	蒸発部位	水循環方法	制御
亜臨界圧ボイラ	ドラム式ボイラ	自然循環	ボイラ追従制御
		強制循環	
超臨界圧ボイラ	貫流式ボイラ	―	協調制御

3.4 ボイラ

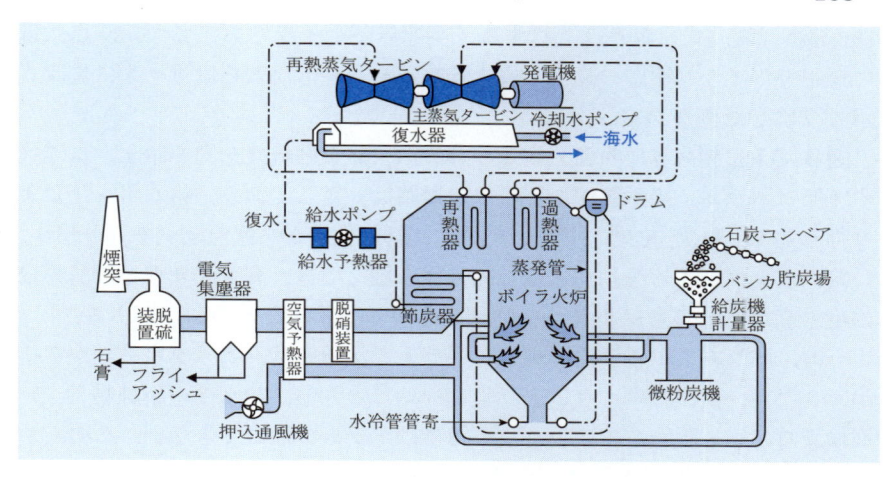

図3.30 亜臨界ドラム式ボイラ設備の燃料，ガス，水，蒸気系統概念図
（出典）　瀬間 監修「火力発電総論」，図4.1（p.59），電気学会，2002

る．ドラム内で比重差により沈降した比較的低温の水（350℃）はドラムの下から下降管を通りボイラ下部にある**水冷管管寄**（header）を経由し水冷壁に流れる．ボイラ水冷壁で熱を吸収し昇温し，かつ一部蒸気泡を発生しボイラ水冷壁を構成する蒸発管の中を浮力により上昇しドラムまで戻る．ドラム内の汽水分離器で熱水から蒸気を分離する．分離された蒸気はボイラ上部および後部の煙道に設置される過熱器まで運ばれる．さらに高温の過熱蒸気となってタービンに運ばれ仕事をする．**図3.30**に亜臨界ドラム式ボイラの典型的な燃料，ガス，水，蒸気系統を示す．

(2) 超臨界圧ボイラ

金属材料の高温耐性が向上したことで蒸気圧力・温度を高くできるようになり，臨界点（K点）を超える圧力で加熱し過熱器でさらに高温まで加熱することで蒸気タービン熱効率を高めたのが**超臨界圧ボイラ**である．K点は水と蒸気を区別できないポイントであり，これを超えるところで気化することから蒸発潜熱もなく，汽水分離させるドラムは必要ない．かわってボイラを構成する配管の下流側で水は蒸発する．

ボイラ水がドラムと水冷壁を循環せず，一直線に通り抜けることからonethrough（貫流式）ボイラと称する．亜臨界圧ボイラであっても，K点に近い運用でボイラ水冷壁の途中で汽水分離器を通しドラムを設置せずに貫流式ボイラにした例がある．

図3.31に超臨界圧貫流式ボイラのガス，蒸気系統概念図を示す．貫流式ボイラはドラム，降水管がなく，水の通路は一貫しており，給水ポンプにより押し込み，順次，加熱，蒸発，過熱し，管の他端から過熱蒸気を送り出す．

給水ポンプによる強制送水のため管径を細くでき，高さ配列など設計の自由度も高い．熱容量は小さく始動時間を短くできるなどの利点がある．

一方，ドラム式ボイラは不純物をドラムで沈殿させ，ボイラ水系統から排出できたが，貫流式ボイラはドラムがないことから，給水中の不純物や，定期検査時に水・蒸気系統に入った不純物はドラムで除去できない．このため蒸発ポイントに堆積するスケール（scale：かさぶた）が剥離し，タービンに直接入り羽根を傷つけることとなり事故の原因となる．このため，起動時に配管クリーニングを化学洗浄，高度純水・蒸気で循環洗浄し，復水ポリッシャー（polisher）やストレーナー（strainer）で除去し，不純物が蒸気系統に混入しないよう入念な管理が必要である．また，海水冷却の場合，復水器で海水リークが起こることから，復水脱塩装置を設置し水・蒸気の純度を維持する必要がある．

3.4.3　自然循環と強制循環

亜臨界圧ドラム式ボイラにはボイラ水冷壁を構成する管の中を，水と気泡の混合体の浮力でボイラ水を循環させる**自然循環方式**と循環ポンプで強制的にドラムまで運ぶ**強制循環方式**がある．

(1)　自然循環ボイラ

蒸発管中と降水管中の水の比重の差により循環させ，蒸気を発生させる．構造が簡単，圧力範囲が広い，ボイラ高さが高い，蒸発管が太い，ドラムがあるなどの特徴がある．

(2)　強制循環ボイラ

（蒸発管引張応力は内力と径に比例することから）高圧蒸気とするため薄肉円筒水管の径を細くし耐圧強度を高くする．一方で抵抗が増すのでボイラ循環ポンプを使い強制循環させる．

3.4 ボイラ

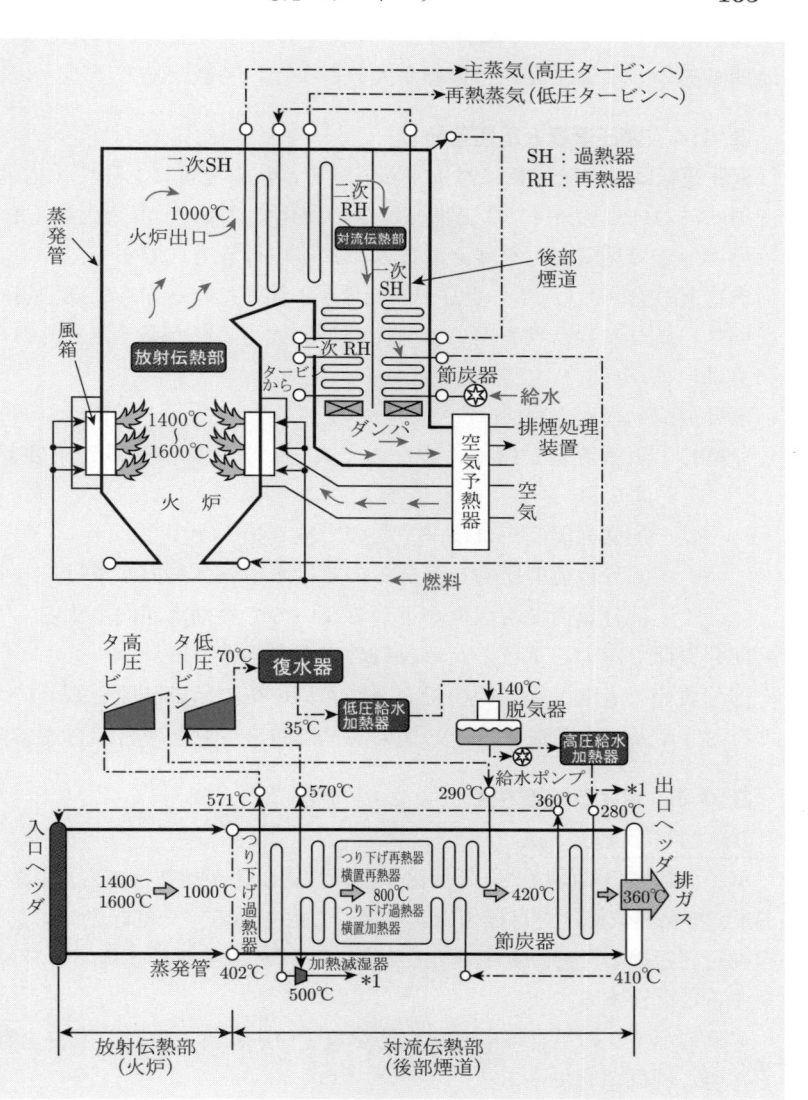

図3.31 超臨界圧貫流式ボイラのガス，蒸気系統概念図
(出典) 瀬間 監修「火力発電総論」，図4.3 (p.61)，図4.6 (p.66)
電気学会，2002

強制循環であることから浮力を作るための高さは不要で小型化でき，始動時間も短い，ポンプ故障の影響が大きいなどの特徴がある．

3.4.4 変圧運転と定圧運転

変圧運転は，定圧運転に対抗する言葉で，汽力発電において出力調整を定圧運転における加減弁による蒸気流量の変化ではなく，蒸気流量（弁の開度）はほぼ一定で蒸気圧力を変えることによって行う方式である．

構造上の違いとしては，低圧時，流量が不均一になっても局部加熱・焼損のないスパイラル水冷壁を用いる変圧型貫流式ボイラが多く用いられている．利点は

- 部分負荷効率がよい．
  - （理由）・蒸気流量がほぼ一定なのでタービン入口調速段が不要で効率がよい．
    - ・加減弁開度がほぼ一定なので絞り損失が少ない．
    - ・部分負荷で圧力を下げるので給水ポンプ動力が下げられる．
    - ・部分負荷でも温度が下がらないので熱効率が向上する．
- 部分負荷で圧力を下げるため材料の寿命が長くなる．
- 部分負荷でも温度が高いのでいったん停止後の始動時間を短くできる．

なお，ボイラを構成するその他の部位は**図3.32**と**表3.13**を参照．

3.4.5 ボイラ制御方式

(1) ボイラ制御方式

ボイラ制御の基本は，負荷変化や燃料性状変化が起こっても，主蒸気圧力，温度，再熱蒸気温度を目標値に常に保つことである．一部起動時の効率改善，起動時間短縮のため，変圧運転などのプログラム変化に追従する特殊な運転をすることがある．

ドラムボイラの場合はドラム水位を規定値内に抑えることも安全対策として必要な制御項目である．

ドラム式ボイラはドラム内の飽和水が大きな熱ダマリとなっていることからタービン出力が変化してもドラム内圧力を一定になるよう燃料供給量を**PI**（比例・積分：proportional/integrated）制御で追従させることで比較的

3.4 ボイラ

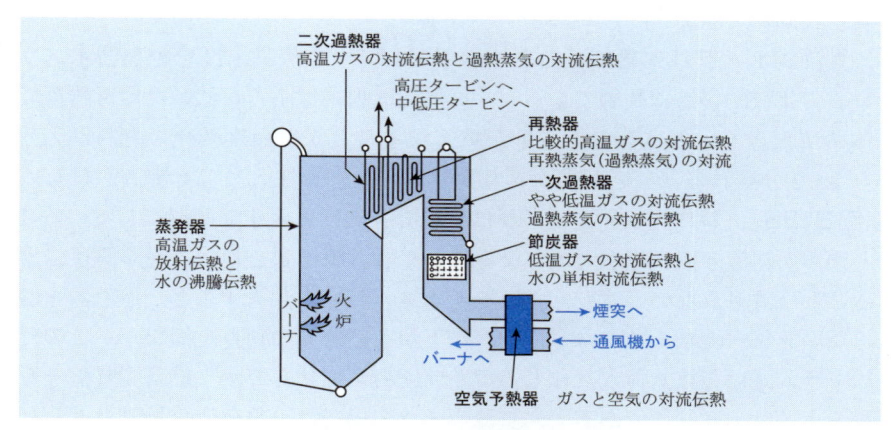

図3.32 ボイラを構成する部位

表3.13 ボイラを構成するその他の部位と働き

ボイラ構成部位	ボイラでの働き
節炭器 (economizer)	ボイラ給水をボイラ煙道排ガスの余熱を利用で加熱し燃料投入量を減らしプラント全体の効率を高める.
ドラム (drum)	節炭器から入った熱水とボイラ水冷壁で過熱された水蒸気を気水分離器で分け,蒸気を過熱器に,水を下降管に分けする熱水溜まり胴体.
ボイラ下部管寄 (header)	ドラムから降りてきたボイラ水を各水冷壁細管に供給する際に中間熱水溜まり胴管
水冷壁 (water wall)	ボイラ水を高温ガスの放射熱で加温,蒸発させる蒸発器
過熱器 (superheater)	ボイラドラムや蒸発管(貫流)からの飽和蒸気をボイラ頂部で1000℃前後の燃焼ガスや下流のボイラ後部で800℃前後の高温排ガスと熱交換し過熱蒸気を作る.
再熱器 (reheater)	高圧タービンで仕事をした蒸気をボイラに戻し,再加熱して,中低圧タービンに供給するもので、熱効率向上と,タービン最終段での湿り度低減を目的とする.
空気予熱器 (air heater)	節炭器を通ってきた350℃程度のボイラ排ガス熱をボイラ入り口空気と熱交換しプラント効率を向上させる.空気予熱器から出た排ガスは130℃まで低減する.

安定に制御できる．

　貫流式ボイラは主蒸気圧力を給水ポンプで，主蒸気温度を過熱器水スプレーで比較的容易に制御できるが，再熱温度制御は圧力が低いため再熱蒸気体積が大きく，再熱管の総重量が重くなることから温度変化は燃料注入から1〜2分遅れる無反応時間があり再熱スプレーを注入しても制御が難しい（図3.33）．特に超臨界圧ボイラは材料許容限度近くまで高温にしていることから，制御の振れ幅が大きくなることや設計値上限を超えて長時間運転することは許されない．また，再熱器で水スプレーを注入すると，過熱器を通らない蒸気が流れることから，効率が下がり超臨界の利点を損なう．このためドラム式は発電負荷が変化し，ボイラ圧力が変化してから燃料調整信号を送るボイラ追従制御であるが，貫流ボイラの場合は，負荷変化信号をタービンとボイラに同時に信号を送り燃料制御が遅れないよう協調制御しており，また負荷変化に際しての各応答を計算機でシミュレーションし，数分先を予測し先行的に制御信号を送り温度・圧力の安定を保持している．

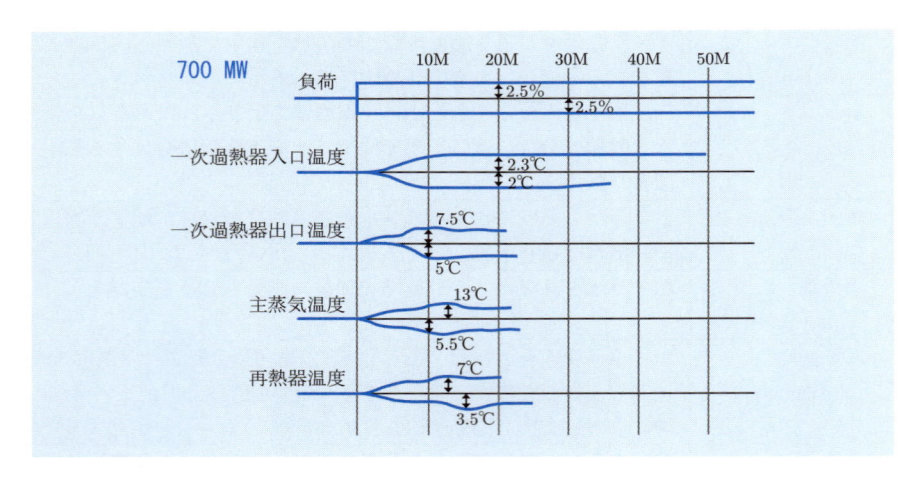

図3.33　石炭火力貫流式ボイラのステップ応答例（一次空気ダンパステップ応答）

3.4.6 ボイラ効率

ボイラ効率は燃料の熱量をどれだけ蒸気の熱に変換できるかで測定する．測定には入出熱法と損失法がある．

- 入出熱法はボイラから出る蒸気の熱量からボイラに入った水・蒸気の熱量を差し引いた真の増加熱量をボイラに入った燃料の熱量と補機動力によって加えられた熱量の合計値と比較した効率測定法である．通常，補機動力で加わる熱は微量なことから無視されるが，大型補機の場合は考慮することで正確な効率を計算できる．
- 損失法は，石炭計量装置誤差保証値が2%と精度が低いため，ボイラから放出される損失を燃料分析や計量測定から計算しタービン入熱量と損失の合計値をタービン入熱量と比較して効率を算定する（表3.14）．

表3.14 石炭火力ボイラの損失例

ボイラ損失項目	高位発熱量基準の損失 [%]
乾き排ガス損失	4.35
燃料中水分損失	4.50
燃料中水素分損失	4.17
空気中湿分熱損失	0.15
不完全燃焼（CO）による熱損失	――
未燃分損失	0.40
バーナーからの噴霧蒸気による熱損失	――
炉壁からの放射熱	0.17
その他損失（クリンカ，飛灰などによる熱損失）	0.29
合　計	14.03

■ 例題3.7 ■

表3.14からボイラ効率はいくらか．

【解答】　ボイラ損失の合計が14.03%だから 100% − 14.03% ＝ 85.97%（高位発熱量基準）

3.4.7 最新技術動向

1990年代，金属材料高温耐性向上により，日本の電力会社の実装試験を経て1997年に蒸気温度570℃を超える1000 MW発電所が運転開始し，現在は電源開発（株）橘湾火力発電所2×1050 MWで主蒸気温度600℃，再熱蒸気610℃を超え，2011年同磯子火力発電所2号機600 MWで再熱温度620℃までを実現している（図3.34）．これらの設備は過去の超臨界発電と区別し，**超超臨界発電**（USC：Ultra Super-Critical generation）と呼ぶ．

さらに **A-USC**（Advanced USC）という名で700℃級ボイラタービンの開発が2020年実機運用を目標に進められている（図3.35）．

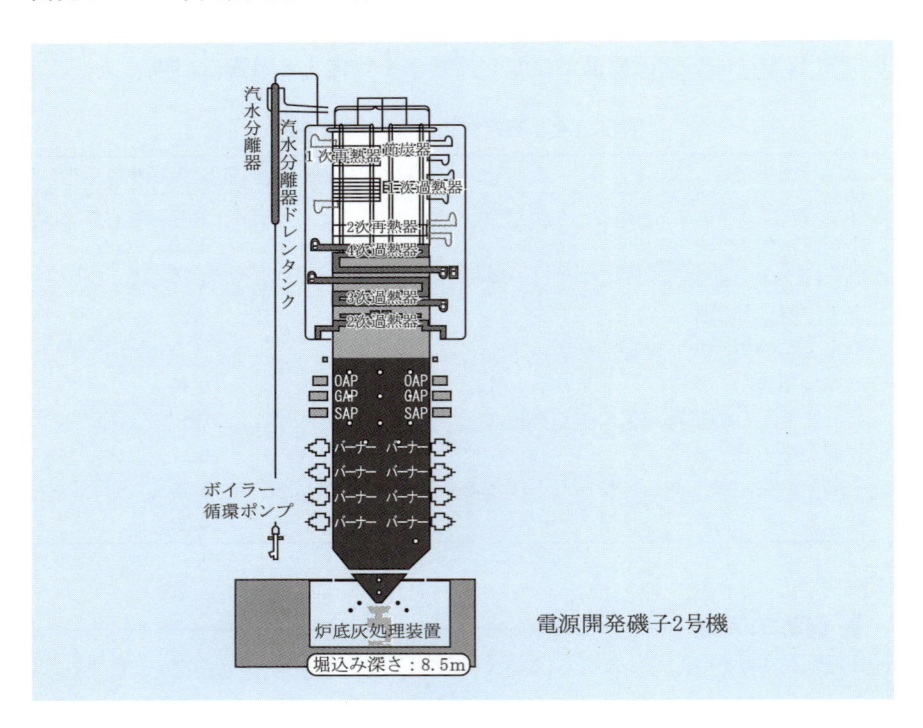

図3.34 超超臨界圧貫流式ボイラの側面図
　　　　（出典）　火力原子力発電技術協会「火力原子力発電」，図2（p.53）
　　　電源開発磯子新2号ボイラ，2010年10月（Vol.61 No.10）

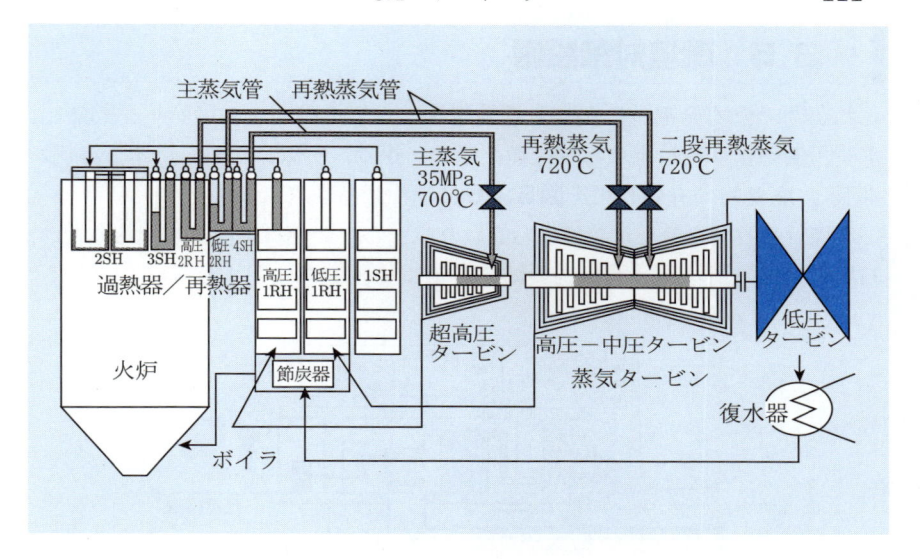

図3.35 A-USC の概念図
　　（出典）　火力原子力発電技術協会「火力原子力発電」，図5（p.18），ケース A のシステム構成と材料区分，2011 年 10 月（Vol.62 No.10）

3.5 環境対策設備

わが国の火力発電所にかかる環境規制（大気汚染防止，騒音・振動防止，水質汚濁防止）や監視項目（排煙，騒音・振動，臭気，粉塵，排水，温排水水温），廃棄物の有効利用を図3.36に示す．

環境対策設備を最も重装備にしなければならない燃料種は石炭であるため，石炭火力発電所を例に大気汚染防止対策環境設備を説明する．

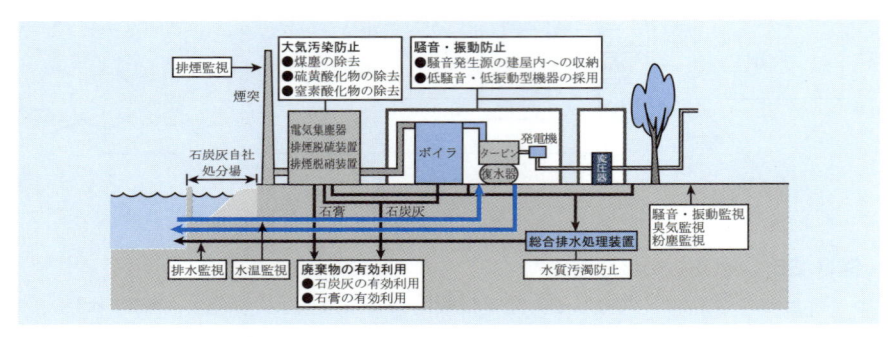

図3.36 石炭火力発電所の環境保全対策例

表3.15 火力発電所の環境対策

	項目	対策または対策設備
大気汚染防止	煤塵	乾式電気集塵機，湿式脱硫装置，湿式または低温電気集塵装置
	SO_x	S分の少ない燃料使用，排煙脱硫装置設置（乾式法、湿式法）
	NO_x	N分の少ない燃料使用，燃焼法改善（過剰空気率，二段燃焼，排ガス再循環法，低NO_xバーナ），排煙脱硝装置設置
	CO_2	温暖化防止，効率向上（高温・高圧力化，石炭ガス化発電導入）
	粉塵飛散防止	石炭火力でのサイロの採用，粉塵防止フェンス採用
水質	構内排水	浄化設備（中和，凝集沈殿）
	漏油防止	ローディングアーム採用，オイルフェンス，捕集材常備など
温排水温度差低減		低温深層取水，復水器バイパス，水中放水，エアレーションなど
その他		構内緑化による環境整備

3.5.1 除塵装置

石炭火力発電所は大量の灰を含み，日本の石炭火力発電所は**表3.6**に示すように7〜15%と世界的に見て比較的高品質な石炭を輸入し環境対策をしている．この場合，ボイラ出口排ガス中の灰分は $20 \mathrm{~g \cdot N \cdot m^{-3}}$ 程度以下となる．近年，技術が進歩したことと，さらなる環境負荷低減の要求から，この灰を煙突出口で $5 \mathrm{~mg \cdot m^{-3}}$ までに減じる必要があり，3段の脱塵で総合除塵効率99.975%以上を達成している．除塵3段の例を**表3.16**に示す．

表3.16 除塵3段の例

	除塵装置	集塵効率 [%]
1段	電気集塵器	99.85
2段	脱硫装置	76.33
3段	後段電気集塵器	29.58

電気集塵器（図3.37）の原理は集塵器に入った排ガスに高圧直流電圧をかけ放電極から電子を放出する．放出された電子は石炭灰に付着し正電荷のある集塵極に灰を運ぶ．集塵極に堆積した灰を集塵 極 槌打装置で定期的にハンマー打ちし石炭灰を下部ホッパに落とし捕集し，空気輸送または水輸送で集積する．集積された灰は灰捨場に堆積したり，セメントや肥料などの有効利用のため発電所外に運搬される．

● **中国における低品位炭燃焼での集塵装置の例** ●

中国では電気集塵器の後に集塵膜で捕集するバグフィルター集塵装置があり高い集塵効率を達成している．

極低品位炭（発熱量 $2000 \mathrm{~kcal \cdot kg^{-1}}$，灰分60%）の天石火力発電所 $2 \times 25 \mathrm{~MW}$ 循環流動床ボイラ利用発電所（写真 J-POWER 提供）は電気集塵器と集塵膜の2段で集塵しその地域の規制を満足している．

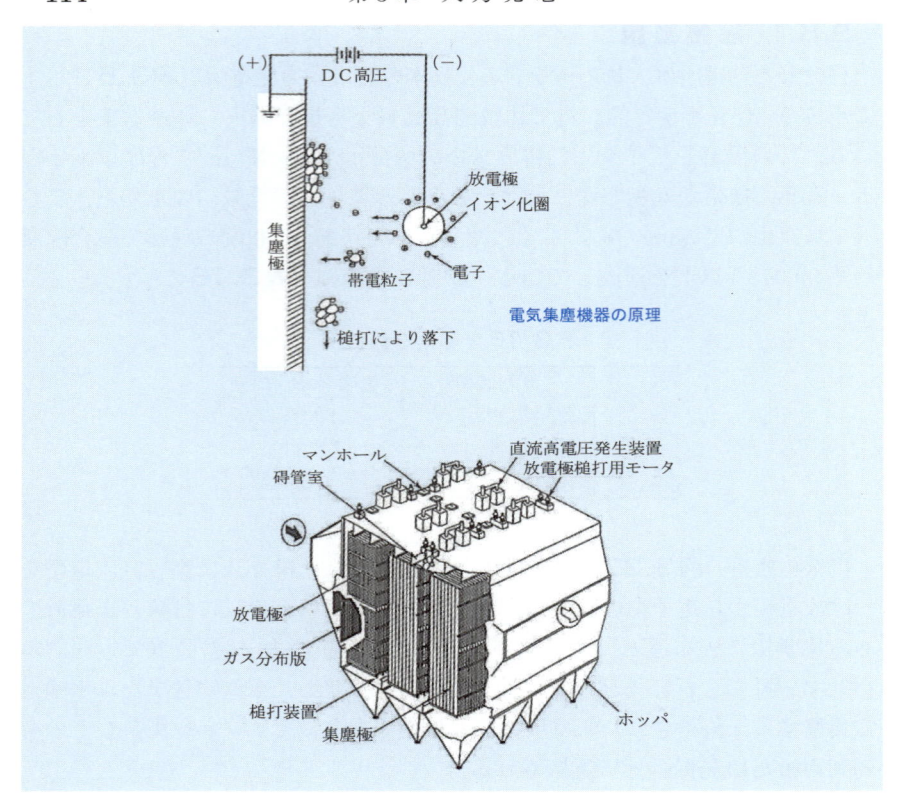

図3.37　電気集塵器の原理と装置
（出典）　火力原子力発電技術協会「火力原子力発電」，図22（p.143）電気集じん原理図，図23（p.144）乾式 EP 構造例（ブレース型），2006年10月（Vol.57 No.10）

3.5.2　脱硫装置

　他の化石燃料に比べ石炭は硫黄の含有量が多い．これを燃焼するとほとんどが二酸化硫黄を大気に放出し，大気中で1週間程度紫外線に当たると亜硫酸に変化し酸性雨の原因となる．このため発電所から出る前に除去し無害な物質に固定化させる必要がある．世界で最も普及している**脱硫装置**は，**湿式石灰石石膏法**であり，捕集した硫黄分は二水石膏に固定化し無害にすると

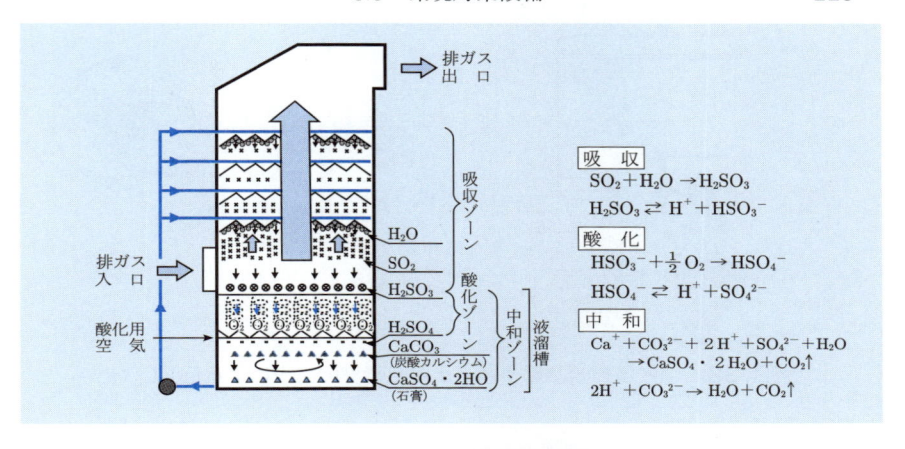

図3.38 脱硫反応プロセスと装置外観，周辺設備プロセス
（出典）火力原子力発電技術協会「火力原子力発電」，図7（p.73），吸収塔内での反応，2000年2月（Vol.57 No.2）

吸収
$SO_2 + H_2O \rightarrow H_2SO_3$
$H_2SO_3 \rightleftarrows H^+ + HSO_3^-$

酸化
$HSO_3^- + \frac{1}{2}O_2 \rightarrow HSO_4^-$
$HSO_4^- \rightleftarrows H^+ + SO_4^{2-}$

中和
$Ca^+ + CO_3^{2-} + 2H^+ + SO_4^{2-} + H_2O \rightarrow CaSO_4 \cdot 2H_2O + CO_2\uparrow$
$2H^+ + CO_3^{2-} \rightarrow H_2O + CO_2\uparrow$

ともに，セメント材料や石膏ボードなどに有効利用されている．中国では日本の科学者の指導の下，共同研究でアルカリ土壌改良し作物の収穫量増大に貢献すべく試験が行われている．**図3.38**に脱硫反応プロセスと装置外観，周辺設備プロセスを示す．

3.5.3 脱硝装置

石炭中の窒素成分や一部の空気中の窒素はボイラ内で燃焼中に酸化窒素に変化する．燃料中の窒素が酸化窒素に変わったもの fuel NO_x（燃料由来酸化窒素）と呼び，空気中の窒素が高温燃焼ゆえに発生する酸化窒素を thermal NO_x（熱由来酸化窒素）と呼ぶ．

thermal NO_x を減らすため燃焼バーナー出口燃焼プロセスを工夫し NO_x 発生抑制を1970年代末より行っており，現在は空気注入の分散による多段燃焼方式で燃焼調整したり，バーナーの工夫により燃焼部で還元雰囲気にして NO_x を生成しにくい状況を作り，対策しない場合の半分から3分の1まで NO_x 発生量を減らせるまでになった．**低 NO_x バーナー**を使用し，バーナー付近を還元雰囲気とし，極度な高温を防ぎ，不足する空気を上段の空気ポートより注入し燃焼を分散させることで thermal NO_x 発生を抑制してい

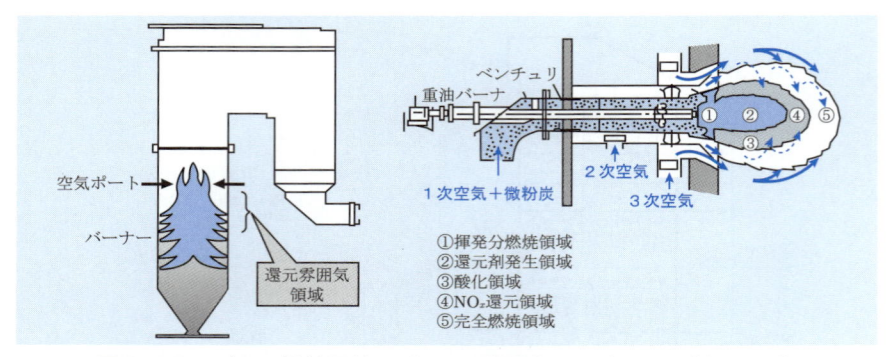

図3.39 ボイラ燃焼調整やバーナー燃焼部の工夫による低NO_x化

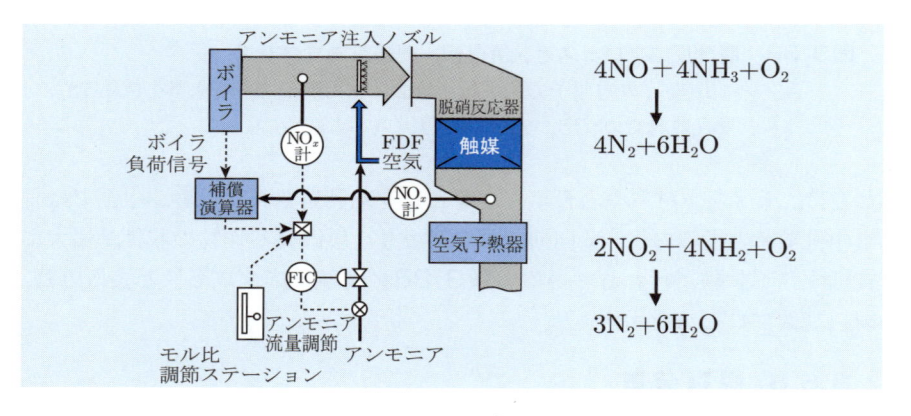

①揮発分燃焼領域
②還元剤発生領域
③酸化領域
④NO_x還元領域
⑤完全燃焼領域

$$4NO + 4NH_3 + O_2$$
$$\downarrow$$
$$4N_2 + 6H_2O$$

$$2NO_2 + 4NH_2 + O_2$$
$$\downarrow$$
$$3N_2 + 6H_2O$$

図3.40 脱硝プロセスと脱硝反応
（出典） 火力原子力発電技術協会「火力原子力発電」，図3 (p.129)，アンモニア注入量制御系統概念図，2006年10月（Vol.57 No.10）

る（図3.39）．

それでもボイラから出てくるNO_xは脱硝装置を使い，アンモニアや尿素と化学反応させ窒素と水に還元し排出量を減らしている．

図3.40に脱硝装置のプロセスを示す．脱硝効率の向上とリークアンモニア量を減らすため触媒を利用し反応を促進させる場合が多いが，小規模発電では触媒を使わず尿素を直接反応させる場合もある．脱硝反応は300℃前後の高温で促進されることから，脱硝装置は節炭器後，空気予熱器前に設置さ

(4) 総合大気汚染防止環境対策

日本の石炭火力発電所の大気汚染防止環境対策設計値例を以下に示す．運用はこれ以下の排出量で管理されている．

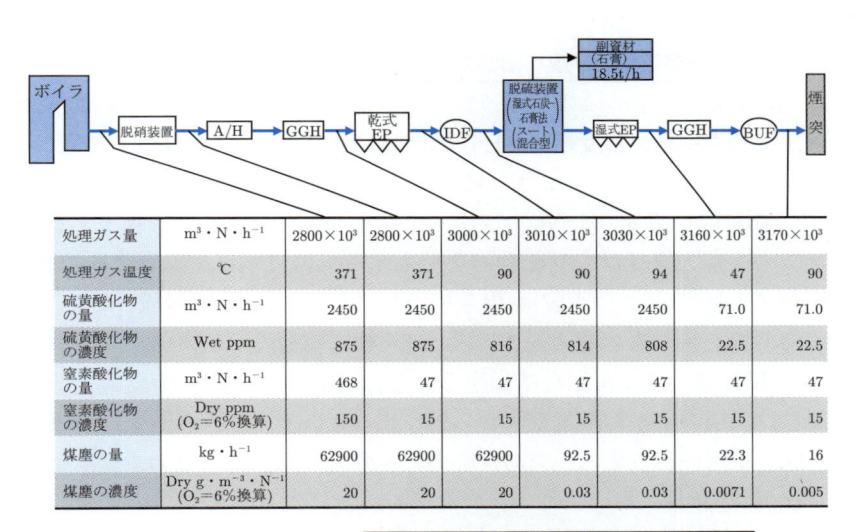

処理ガス量	$m^3 \cdot N \cdot h^{-1}$	2800×10^3	2800×10^3	3000×10^3	3010×10^3	3030×10^3	3160×10^3	3170×10^3
処理ガス温度	℃	371	371	90	90	94	47	90
硫黄酸化物の量	$m^3 \cdot N \cdot h^{-1}$	2450	2450	2450	2450	2450	71.0	71.0
硫黄酸化物の濃度	Wet ppm	875	875	816	814	808	22.5	22.5
窒素酸化物の量	$m^3 \cdot N \cdot h^{-1}$	468	47	47	47	47	47	47
窒素酸化物の濃度	Dry ppm ($O_2=6\%$換算)	150	15	15	15	15	15	15
煤塵の量	$kg \cdot h^{-1}$	62900	62900	62900	92.5	92.5	22.3	16
煤塵の濃度	Dry $g \cdot m^{-3} \cdot N^{-1}$ ($O_2=6\%$換算)	20	20	20	0.03	0.03	0.0071	0.005

脱硝装置	乾式EP	脱硫装置		湿式EP
脱硝効率	集塵効率	脱硫効率	集塵効率	集塵効率
90%	99.85%	97.10%	76.33%	29.58%

総合効率		
SO_x	NO_x	煤塵
97.10%	90%	99.975%

（1000MW・脱硫方式：湿式石炭—石膏法（スート混合型））

図3.41 石炭火力発電所の大気汚染防止環境対策設計値例

（出典） 火力原子力発電技術協会「火力原子力発電」，図5（p.72），最新の石炭火力発電所での排煙処理系統，2000年2月（Vol.57 No.2）

3.6 蒸気タービンとガスタービン

3.6.1 蒸気タービン

蒸気タービンは高温・高圧蒸気を低い圧力までに断熱膨張した際の仕事を回転力に変換する装置である．

(1) 作動原理による分類（衝動式と反動式）

蒸気の膨張はノズルと羽根各々で行われるが，各々での蒸気の膨張割合により，**衝動タービン**と**反動タービン**に区分けされる（図3.42）．**静翼**(ノズル)と**動翼**(羽根)との一組が動力発生の基本要素で**段落**(あるいは**段**)と呼ぶ．

(a) **衝動式** 蒸気の膨張はノズルのみで行われ，ノズルから噴出する高速流蒸気の衝撃力を受けて回転動力を発生するもので水車や風車と同じ原理．一段のノズルに対し，一段の羽根を持つものを**ラトー段**(**衝動段**)といい，複数段の羽根を持つものを**カーチス段**(**速度複式衝動段**)という．

(b) **反動式** ノズルから噴出する高速流蒸気の衝撃力は衝動式タービンと同じ．羽根の中から蒸気が翼から外に出るときノズルから蒸気が膨張するのと同じく再び膨張する．その反動力と衝撃力での合計で動力を発生するもの．100％反動力のものはない．1段落の膨張に対し羽根内での膨張比率を

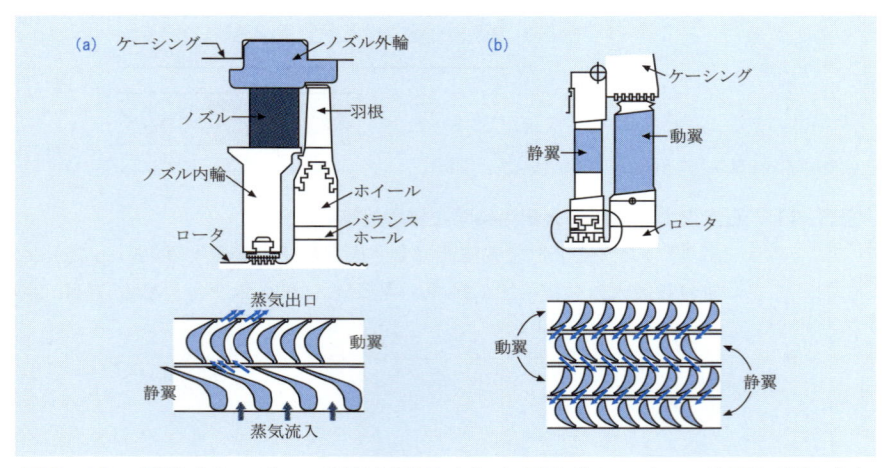

図3.42 衝動式タービンの静翼と動翼（a）と反動式タービンの静翼と動翼（b）

3.6 蒸気タービンとガスタービン

表3.17 蒸気利用サイクルの種類による分類

種類	図	説明
単純復水タービン		タービンに流入した蒸気が全量復水器の圧力まで膨張
再生復水タービン		タービンに流入した蒸気の一部を途中段から抽気し，その蒸気で給水加熱し，残りは復水器の圧力まで膨張
再熱復水タービン	C：復水器へ E：プロセスへ	再熱サイクルを使用する熱サイクルだが，再熱サイクル単独で用いず，再生サイクルとともに利用
再熱再生復水タービン		再生復水タービンに再熱サイクルを取り入れたものでコストが高くなるため 75 MW, 10 MPa 以上に適用
背圧タービン		タービン出口圧力が大気圧以上で，この排気蒸気を作業用に利用するもの
抽気復水タービン		復水タービンの中途段から蒸気を抽気し，工場内の作業などに利用するもの
抽気背圧タービン		作業用蒸気利用が背圧と抽気の2通りあるもので上記2方式の混合
混圧タービン		タービン入り口圧力と異なった蒸気を中段から注入．フラッシュ蒸気を有効利用する地熱発電などに利用

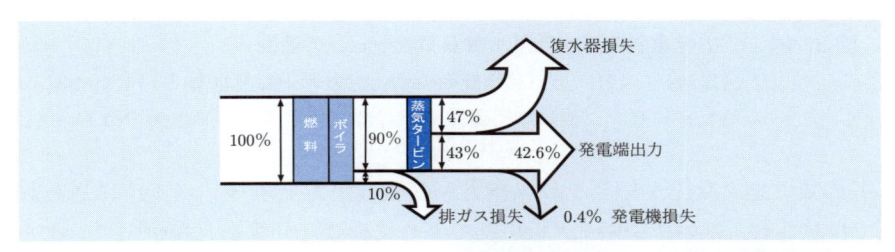

図3.43 再熱再生復水蒸気タービン発電所の熱の流れ（低位発熱量基準）

熱の流れ: 100% → 燃料 → ボイラ 90% → 蒸気タービン → 47% 復水器損失, 43% → 42.6% 発電端出力, 10% 排ガス損失, 0.4% 発電機損失

反動度といい，通常，50%反動力，50%衝撃力で合計100%となる．反動度50%の段をパーソンズ段という．

(2) 熱利用サイクルによる分類

発電用再熱再生復水タービンの熱の流れを図3.43に示す．また，各種蒸気タービンの代表的な蒸気条件を表3.18に示す．

代表的な事業用蒸気タービンの入口蒸気状態は，圧力は超臨界圧機で25 MPa前後，温度が600℃，亜臨界圧機で16〜19 MPa，温度が538℃である．

表3.18 各種蒸気タービンの代表的な蒸気条件

タービン種別	主蒸気圧力 [MPa]	主蒸気温度 [℃]	復水器圧力 (絶対圧) [kPa]	タービン出口 湿り度 [%]
火力タービン（超臨界）	24〜31	538〜600	5	7〜10
火力タービン（亜臨界）	16〜19	538〜566	5	7〜10
タービン（コンバインド）	10〜15	538〜566	5	7〜10
原子力タービン（非再熱）	6〜6.7	270〜280	5	12〜15
原子力タービン（再熱）	6〜6.7	270〜280	5	10〜13
地熱タービン	0.3〜0.7	100〜170	10〜20	12〜15

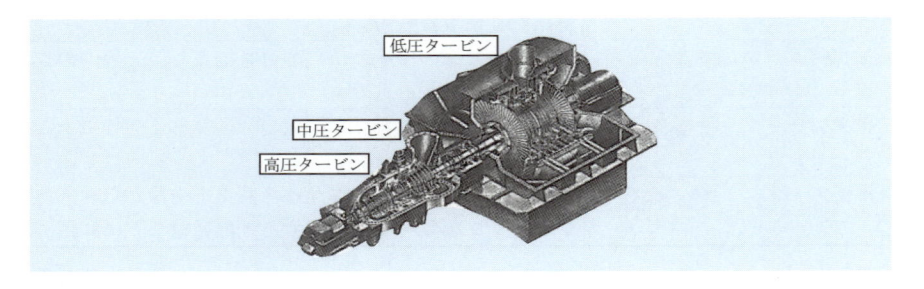

図3.44 火力発電所の高中低圧1軸蒸気タービンの断面
（出典） 火力原子力発電技術協会「火力原子力発電」，図11（p.33），蒸気タービン（提供：三菱重工業），2009年1月（Vol.60 No.1）

主蒸気はまず高圧タービンに供給され膨張，出力発生後，ボイラに送られて再熱され，続いて中圧部，低圧部でさらに膨張し仕事をしながらエンタルピーを下げる．タービン下流に復水器を備え，真空に近い圧力（代表的には5 kPa程度）までタービン内での蒸気の膨張が行われるため，タービンの出口では湿り度は7〜10％程度となる．これに伴い通常の火力タービンでは最終段落を含む2, 3段落が湿り蒸気中で作動している．図3.44に高中低圧一体型タービンを示す．

(3) 復水・給水系統の装置
表3.19，図3.45参照．

3.6 蒸気タービンとガスタービン

表3.19 復水，給水系統を構成する装置

装置名	機　能
復水器 （condenser）	蒸気を冷却水と熱交換し復水するとともに、復水を貯水
復水ポンプ （condenser pump）	復水器にある復水を脱気器まで送水
給水加熱器 （feed water heater）	タービン排気および抽気を利用し給水を加熱 低圧給水加熱器：復水器から脱気器間 高圧給水加熱器：ボイラ給水ポンプからボイラ間
脱気器 （deaerator）	給水中の酸素を補助蒸気で加熱脱器し高圧給水配管の腐食を抑制するとともにボイラ給水ポンプに対し数分程度の給水貯水槽の役目
ボイラ給水ポンプ （boiler feed water pump）	ボイラに高圧水を供給し、ボイラ出口圧を規定値に維持

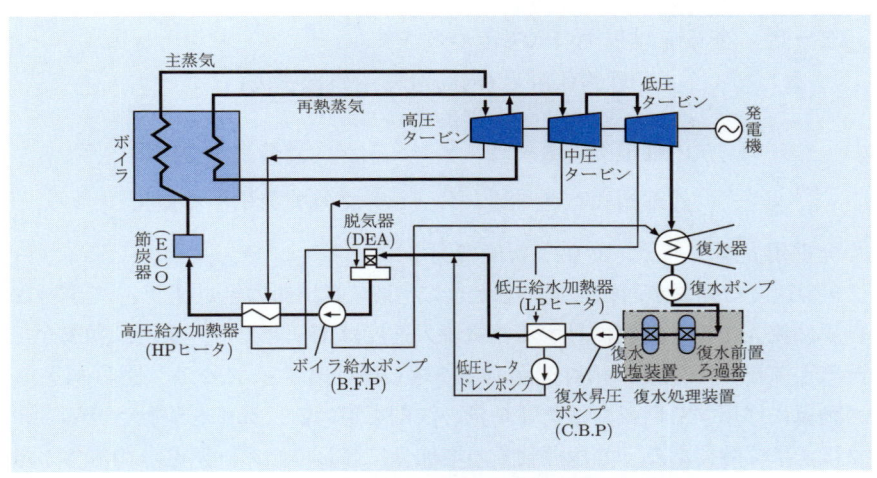

図3.45 汽力発電所の水・蒸気系統器機構成

(4) タービン制御

タービン制御はタービン入り口に設置される**蒸気加減弁（ガバナー）**によってタービン流入蒸気量を制御する．制御信号には2通りあり周波数の変化を検知しガバナーを操作する**周波数ガバナー制御**と発電機出力を検知しガバナーを操作する**負荷ガバナー制御**がある．

火力発電所の周波数ガバナー制御は，系統の周波数が許容値（不感帯 dead band）を超えた場合に働くよう設定されている．負荷ガバナー制御の場合，タービン発電機の出力が出力要請に基づきガバナーが加減され，系統周波数の動きに左右されない．通常，発電用蒸気タービンの場合，負荷ガバナー制御で運転され，ある一定の幅で周波数が変動すると，周波数ガバナー制御が優先して制御するようになっている．系統周波数は通常水力発電タービンの周波数ガバナーで制御されている．

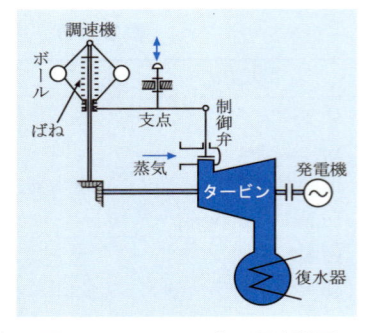

図3.46 タービン調速装置

(5) タービン効率

タービン効率 η_t は以下の式で求められる．

$$\eta_t = \frac{\text{理論仕事} - (\text{内部損失} + \text{外部損失})}{\text{理論仕事}}$$

内部損失：タービンケーシング内で発生する損失

外部損失：タービンケーシング外で発生する損失

で発電用大型タービンで92%程度である．

u の速度で動翼が回転しているときに，ノズル出口の絶対速度 c_1 で蒸気が動翼に流入すると動翼に対する相対流入速度は W_1 となる．また，動翼から蒸気が流出する速度は相対速度 W_2 に対し絶対速度 c_2 になる（**図3.47**）．

動翼に作用する回転力は角運動量の法則を用いる．翼車を駆動させるトルクは，単位時間あたりの角運動量の増加分に等しいため，密度 ρ の流体が単位時間流量 Q で半径 r の位置で動翼に流入し流出すると考えると，トルク T は以下の通りとなる．

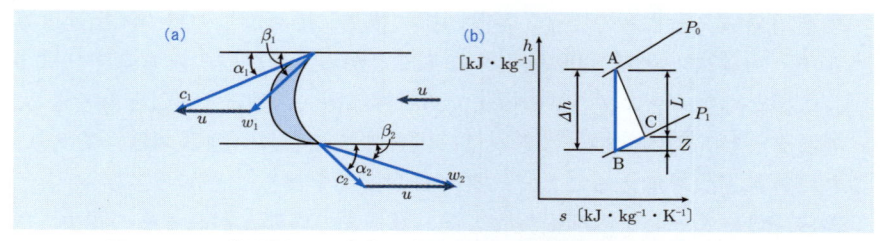

図3.47 動翼周りの速度三角形と段の内部損失を表す $h\text{-}s$ 線図

$$T = \rho Q(rc_1 \cos\alpha_1 + rc_2 \cos\alpha_2) \quad (衝動部分 + 反動部分)$$

回転角速度を $\omega\,[\mathrm{s}^{-1}]$ とすると，蒸気が羽根に対してする動力 W は

$$W = \omega T\,[\mathrm{J}\cdot\mathrm{s}^{-1}]$$

蒸気流量 $1\,\mathrm{kg}\cdot\mathrm{s}^{-1}$ あたりの動力 L は

$$L = \frac{W}{\rho Q} = u(c_1 \cos\alpha_1 + c_2 \cos\alpha_2)\,[\mathrm{J}\cdot\mathrm{kg}^{-1}]$$

c_2 は翼の形，周速度および c_1 によって決まるから仕事 L は翼の形（プロファイル）と蒸気流入速度 c_1 によって決まる．この効率を**翼素効率**（= 1 − 翼プロファイル損失）という．通常，発電タービンの周速度 u は系統周波数によりほぼ一定であるから，翼素効率は蒸気速度と翼プロファイルが決まれば決定する．通常，翼プロファイルが決まれば翼素効率は蒸気速度と周速度の比率（速度比）の関数として特定できる．

翼プロファイル損失に湿り損失，翼先端漏れ損失，回転損失（翼内の渦流損失など）を加えると段落の内部損失（ケーシング内での損失）を得ることができる．

図3.47（b） に蒸気が動翼にする仕事とエネルギー損失を $h\text{-}s$ 線図で示す．入口圧力 P_0 から出口圧力 P_1 までの1つの段での膨張について示したものである．ノズルおよび動翼での膨張は，理論的には線分 AB の断熱膨張で示されるが，実際は線分 AC に示される不可逆変化でエンタルピー増大側（右側）に振れる．内部損失 P_1 線上を上昇し点 C となる．この結果，L(点 A →点 C)の機械仕事が損なうことになる．このことは実際の膨張曲線 AC の傾きが垂直に近いほどその段の内部損失分 $(\Delta h - L)$ が減っていることを表す．

事業用発電タービンの場合，各段の排気損失（排気蒸気の持つ流出速度エネルギー）は次の段で100%利用されることから，最終段のみ考慮すればよい．このためケーシングの外の損失である外部損失に勘定することもできる．

多段タービンの内部損失は各段落の内部損失の合算（図3.48）であり，これに外部損失を加えることで，タービン損失を得ることができる．

表3.20にタービン内部損失および外部損失の概要とおおよその損失（発電用大型タービンで8%程度）に占める割合の例を示す．

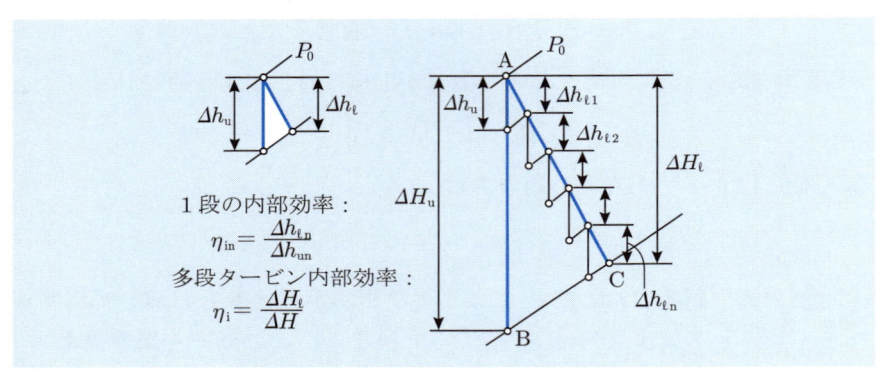

1段の内部効率：
$$\eta_{in} = \frac{\Delta h_{\ell n}}{\Delta h_{un}}$$

多段タービン内部効率：
$$\eta_i = \frac{\Delta H_\ell}{\Delta H}$$

図3.48 多段タービン蒸気膨張線図

表3.20 タービン損失の種類と損失比率（相対値）の例

内部損失（ケーシング内損失）84%	翼部における諸損失 67%	翼形（プロファイル）損失
		軸・翼頂部漏れ損失
		湿り損失（最終段で湿り蒸気が動翼背面を叩く）
		回転損失（翼車の摩擦，風損など）
	排気損失 17%	翼出口流速損失（リーピング損失）
		排気室損失（排気室での流出速度損失）
外部損失 16%	入口部蒸気通気損失	弁絞り損失
		蒸気通路損失： 　入口蒸気管，クロスオーバー管など
	外部漏れ損失	タービンローターと車室の隙間から出る損失
	機械損失（損失は回転数に依存）	軸受損失
		（減速機損失）
		油ポンプ消費動力

$$\text{復水タービン総合効率} = \frac{\text{ボイラ吸熱} - (\text{外部損失} + \text{復水損失})}{\text{ボイラ吸熱}}$$

図3.49にわが国における蒸気タービンの正味効率を示す．上記効率にボイラ効率と発電機効率をかけると発電端効率になる．最新大型タービン発電機の効率は固定子に水冷却，回転子に水素冷却を採用し変換効率99.1％と極限までに至っていることから，復水タービン総合効率とボイラ効率をかけることでおおよその発電端効率を勘定できる．発電用大型ボイラ効率は高位発熱量基準でおよそ86％（低位発熱量で90％前後）に達している．

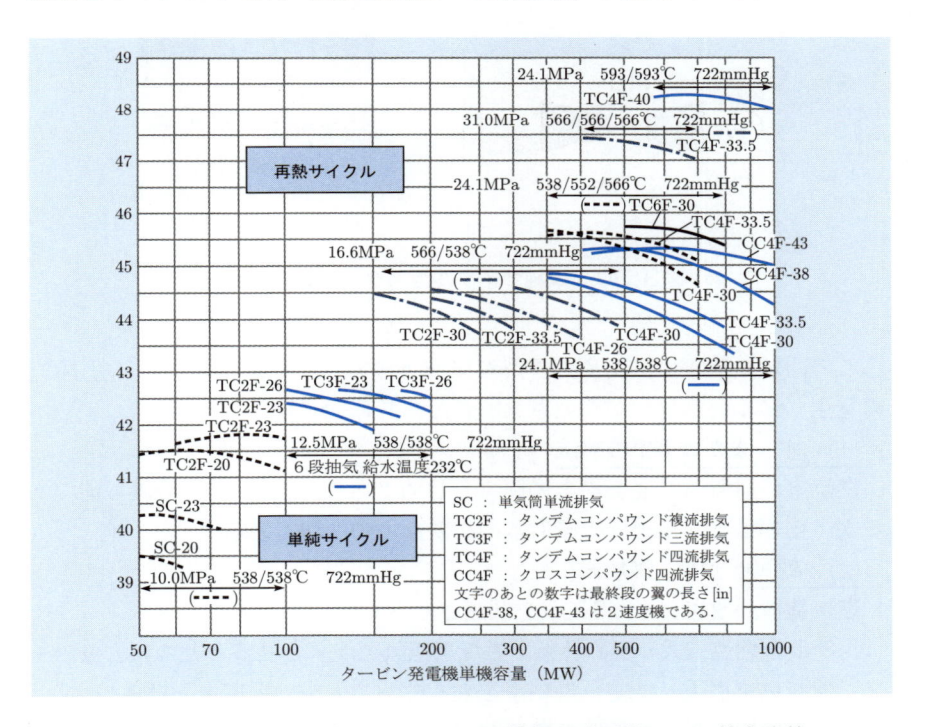

図3.49 蒸気タービンの蒸気サイクルおよび高温・高圧化による効率改善
（出典） 火力原子力発電技術協会「火力原子力発電必携（改訂第7版）」，図 14-8（p.241），タービン型式とタービンプラントの熱効率，2007

3.6.2 ガスタービン

ガスタービンは部品数が少なく設備コストは安く敷地面積も小さい（図3.50）．さらにタービン入口のガス温度が高いほど高効率になるため，入口付近の燃焼温度を高める努力が行なわれている．このため，燃焼温度は均一でなく局部的に高温部ができ，空気中の窒素と酸素が結合してNO_xが大量に生成する．

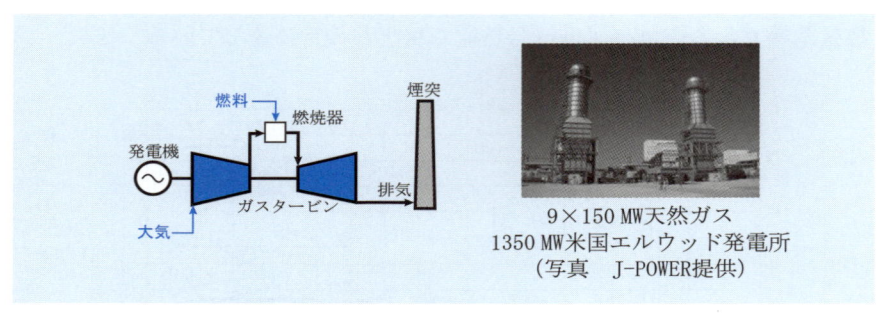

図3.50　単純サイクルガスタービン発電所

この問題を解決するため，燃焼温度を下げることと，極力均一にしNO_xの発生しにくい燃焼法が開発されてきた．具体的には

(1) 水，または蒸気噴射法
燃焼室の局所的温度上昇を抑制する目的であり1/2～1/3に低減可能であるが，効率低下，高純度の噴射水の必要などの問題もある．

(2) 乾式低NO_x燃焼器
燃焼機構の改善によりNO_xを低減させるもので，
①予混合燃焼方式：予め燃料を燃焼用空気と混合させるとともに大量の一次空気を導入して空気過剰率を大きくして火炎の温度を下げる．
②触媒燃焼方式，その他の燃焼方法の工夫．

3.6.3 ガスタービンコンバインドサイクル

3.2節で説明した通り，コンバインドサイクルはガスタービンと，ガスタービンから出た余熱を利用した排熱回収ボイラで熱回収し蒸気タービンを駆動させる組合せ発電方式である．

3.6 蒸気タービンとガスタービン

(1) 排熱回収ボイラ

ガスタービンや高炉から排出される高温ガスの熱を回収し，蒸気を発生させるボイラを**排熱回収ボイラ**（**HRSG**：Heat Recovery Steam Generator）（図3.51）という．排ガス温度が600℃で，化石燃料ボイラの1000℃前後に比べ低温であることから亜臨界ドラム式ボイラである．

コンバインドサイクルのガスタービンと排熱回収ボイラによる蒸気タービンとの組合せは排熱回収型が基本であるが，蒸気温度の必要性にあわせ，排気再燃式，排気助燃式などの排ガス高温化を図ることができる（図3.52）．

(2) 天然ガスコンバインドサイクル

発電用大型天然ガスコンバインドサイクルと外形写真を図3.53に示す．

ガスタービンの燃焼温度は10年ごとに200℃高温化（表3.21）し高効率化の研究開発が日々続けられ，現在1700℃の研究開発が行われている．

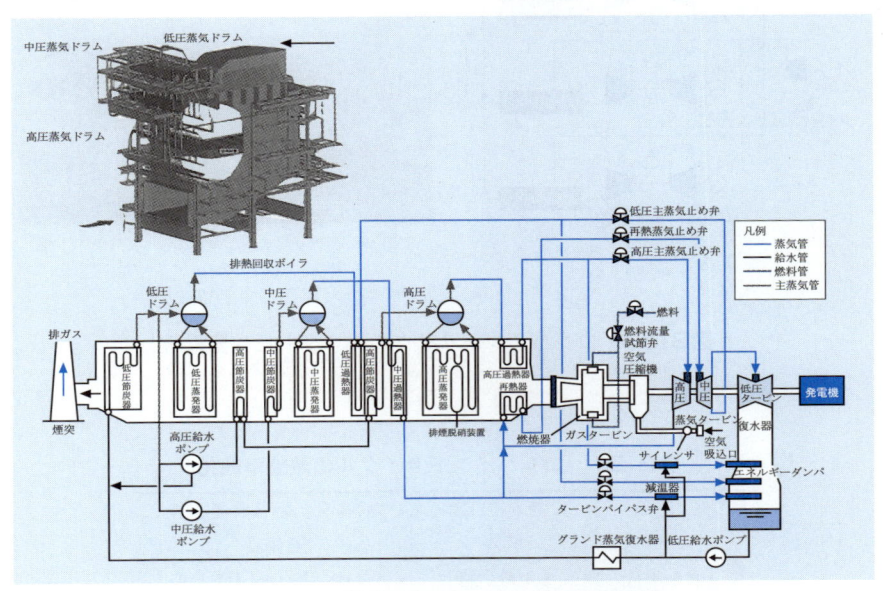

図3.51 排熱回収ボイラとガス蒸気系統

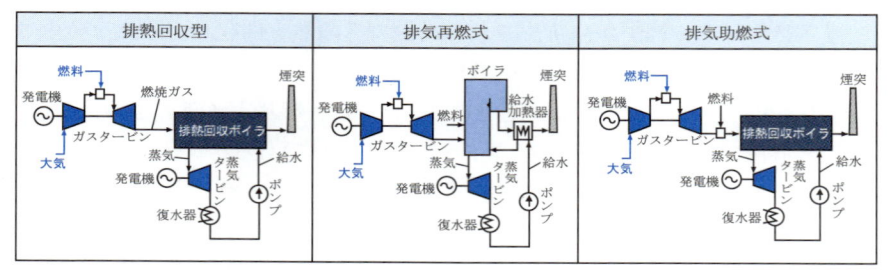

図3.52　ガスコンバインドサイクルの排熱昇温方式

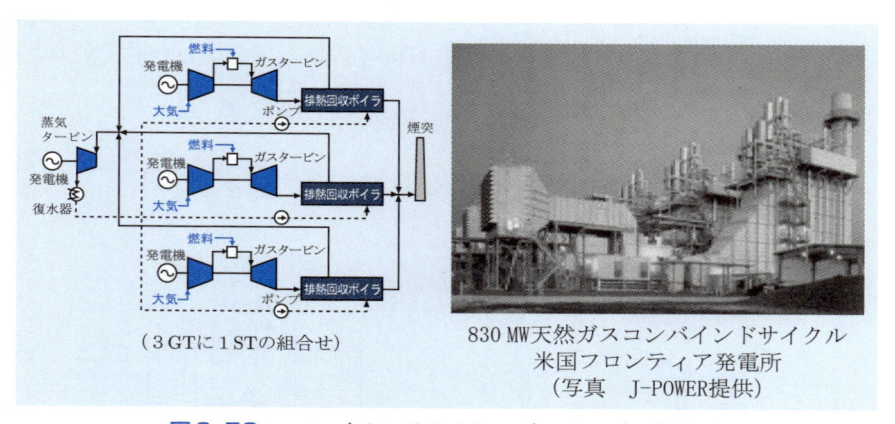

（3 GTに1 STの組合せ）

830 MW天然ガスコンバインドサイクル
米国フロンティア発電所
（写真　J-POWER提供）

図3.53　コンバインドサイクルガスタービン発電所

表3.21　コンバインドサイクルの熱効率進化

年代	ガスタービン型式	コンバインドサイクル熱効率
1980年代	1,100℃級	約47%（LHV）
1990年代	1,300℃級	約55%（LHV）
2000年代	1,500℃級	約59%（LHV）
2010年代	1,600℃級	約61%（LHV）

3章の問題

☐ **3.1** スケールメリットの概念はなぜ生まれるか説明せよ．

☐ **3.2** $Q_2/Q_1 = T_2/T_1$ の関係を可逆的カルノーサイクル（P-V 線図（図3.19））で考察せよ．

☐ **3.3** 可逆断熱変化において $Pv^\gamma = $ 一定 となることを証明せよ．

☐ **3.4** ボイラ圧力 3 MPa（約 30 気圧），タービン入口蒸気温度 350℃，復水器内圧力 75 kPa（約 0.75 気圧）の理想ランキンサイクルからサイクル理想効率を求めよ（図3.22参照）．

状態 3：$P_3 = 75$ [kPa]．飽和液，蒸気表から

$h_3 = 384.39 \text{ [kJ} \cdot \text{kg}^{-1}\text{]}, \quad v_3 = 0.001037 \text{ [m}^3 \cdot \text{kg}^{-1}\text{]}, \quad T_3 = 91.78 + 273 \text{ [K]}$

状態 4：$P_4 = 3$ [MPa]．$s_4 = s_3$ だから

$$W_{\text{pump.in}} = v_3(P_4 - P_3) = 0.001037 \text{ [m}^3 \cdot \text{kg}^{-1}\text{]} \times (3000 - 75) \text{ [kPa]}$$
$$= 3.03 \text{ [kJ} \cdot \text{kg}^{-1}\text{]}$$
$$h_4 = h_3 + W_{\text{pump.in}} = 387.42 \text{ [kJ} \cdot \text{kg}^{-1}\text{]}$$

状態 1：$P_1 = 3$ [MPa]．$T_1 = 350$ [℃] だから

$$h_1 = 3115.3 \text{ [kJ} \cdot \text{kg}^{-1}\text{]}, \quad s_1 = 6.7428 \text{ [kJ} \cdot \text{kg}^{-1} \cdot \text{K}^{-1}\text{]}$$

状態 2：$P_2 = 75$ [kPa] のときの湿り蒸気の値は蒸気表から

	エンタルピー	エントロピー
飽和液	$h_3 = 384.39$ [kJ・kg^{-1}]	$s_3 = 1.213$ [kJ・kg^{-1}・K^{-1}]
蒸発	$h_e = 2278.6$ [kJ・kg^{-1}]	$s_e = 6.2434$ [kJ・kg^{-1}・K^{-1}]
飽和蒸気	$h_g = 2663.99$ [kJ・kg^{-1}]	$s_g = 7.4564$ [kJ・kg^{-1}・K^{-1}]

$s_1 = s_2$ だから

$s_2 = s_1 = 6.7428$ [kJ・kg^{-1}・K^{-1}]

よって乾き度

$X_2 = (s_2 - s_3)/s_e = 6.7428 - 1.213/6.2434 = 0.886$

$h_2 = h_3 + X_2 h_e$

$= 384.39 + 0.886 \times 2278.6 = 2403.2$ [kJ・kg^{-1}]

第3章　火力発電

☐ **3.5** 表3.6のオーストラリアのドレイトン炭鉱の性状から到着ベース石炭1 kgを燃焼させたときの低位発熱量および排ガス量を求めよ．

　発熱量 28.4 MJ・kg^{-1}（高位発熱量）

　全水分 9.9%（到着ベース ar：As Received）

　工業分析（気乾ベース ad：air dryed）

　水分 3.4%，灰分 13.3%，揮発分 34.5%，固定炭素 48.8%

　元素分析値（無水ベース d：dry）

　炭素 71.1%，水素（h）4.9%，窒素（n）1.4%，酸素（o）8.1%，
　硫黄（s）0.8%，全硫黄 0.9%

なお，空気過剰率は 1.2，空気中の酸素比率は 21% とする．

☐ **3.6** ボイラの損失項目を列挙せよ．

☐ **3.7** わが国における3大公害防止規制は何か．

☐ **3.8** 石炭火力発電所が装備する環境対策設備を列挙せよ．

☐ **3.9** 復水，給水系統を構成する装置を列挙し，その機能を説明せよ．

☐ **3.10** タービンの内部損失を列挙せよ．

第4章

原子力発電

　原子力エネルギーの利用は不幸にも軍事利用から始まった．しかし，人類はそれを乗り越えるべく原子力の平和利用への道を模索した．「原子力発電」は原子力平和利用の中心的な一形態である．

　本章では，まず，そもそも「原子力エネルギー」とは何かを理解し，核分裂の連鎖反応を始めとした原子炉の原理と原子力発電の特徴の基本的理解を深める．

　その後，各種原子力発電プラントを概観した上で，大量の放射性物質を内蔵し潜在的危険性を有するがゆえに必要とされる原子力発電特有の安全確保の考え方を理解する．

　（口絵7に原子力発電所を掲載）

4.1 原子炉の原理

4.1.1 原子力エネルギーの源(みなもと)

(1) 原子と原子核

すべての物質は原子からなり,原子は原子核とその周りをとりまく**電子**(electron)からなる.さらに原子核は正の電荷を持つ**陽子**(proton)と電気的に中性な**中性子**(neutron)から構成される.陽子と中性子を総称して**核子**(nucleon)という.

ある原子核の中にある陽子数を Z,中性子数を N とすると,両者の和すなわち核子の総数 $A = Z + N$ を**質量数**(mass number)という.原子の化学的な性質は陽子の数で決まることから Z を**原子番号**(atomic number)と呼ぶ.特定の原子番号 Z および特定の質量数 A を持つ原子核 X を**核種**(nuclide)といい,「$^{A}_{Z}\text{X}$」あるいは略式に「X-A」で表す(X は元素記号).たとえば質量数 12 の炭素は $^{12}_{6}\text{C}$ あるいは C-12 となる.ここで原子番号 Z が省略できるのは,元素記号 X を具体的に示せば原子番号が決まるからである(たとえば炭素 C の原子番号は 6).Z が等しく(すなわち同一元素で)A が異なる核種を**同位体**(isotope)と呼ぶ.

(2) 質量欠損と結合エネルギー

陽子,中性子,電子の質量を**原子質量単位**(amu;atomic muss unit)で表すと次のようになる.ここで,原子質量単位は C-12 原子の質量を正確に 12 amu とする質量の単位である.

陽子の質量　　$m_\text{p} = 1.007276$ [amu]

中性子の質量　$m_\text{n} = 1.008665$ [amu]

電子の質量　　$m_\text{e} = 0.000549$ [amu]

ここで,C-12 原子を構成する粒子,すなわち 6 個の陽子と 6 個の電子と 6 個の中性子それぞれの質量の総和を計算してみると

$$6m_\text{p} + 6m_\text{n} + 6m_\text{e} = 12.09894 \text{ [amu]}$$

となる.しかし C-12 原子の質量は原子質量単位の定義から 12.00000 amu であり,この原子の質量は構成粒子の質量の総和より 0.09894 amu だけ小さいことになる.

4.1 原子炉の原理

一般に，質量数 A，原子番号 Z の原子は，Z 個の陽子，Z 個の電子および $(A-Z)$ 個の中性子からなるが，この原子の質量 M [amu] は，個々の粒子の総和（$Z \times m_\mathrm{p} + (A-Z) \times m_\mathrm{n} + Z \times m_\mathrm{e}$）とはならず，それよりも小さくなる．この質量の差を**質量欠損**（mass defect）と呼ぶ．

アインシュタインは質量とエネルギーは等価であるとし，光速 c，質量 m，エネルギー E の間に $E = mc^2$ の関係を与えている．これにより質量欠損に相当するエネルギー（MKS 単位系では [J]）が計算できる．

個々の粒子がばらばらであるよりも原子核を構成した状態のほうが安定でありエネルギーの低い状態にあるといえる．質量欠損に相当するエネルギーは，原子核を構成する核子相互間の結合の程度を与えるものでありこれを**結合エネルギー**（binding energy）と呼ぶ．

■ 例題 4.1 ■

ヘリウム（He-4）原子の質量は 4.0026 amu である．陽子の質量が 1.0073 amu，中性子の質量が 1.0087 amu，電子の質量が 0.00055 amu であるとき，質量欠損と結合エネルギーをそれぞれ [kg]，[J] 単位で求めよ．

【解答】 He-4 原子を構成する陽子，中性子，電子がそれぞれ単独にあるときの質量の総和は，陽子 2 個，中性子 2 個，電子 2 個の質量の和

$$1.0073 \times 2 + 1.0087 \times 2 + 0.00055 \times 2 = 4.0331 \text{ [amu]}$$

であって，He-4 原子の質量 4.0026 amu より大きい．この場合の質量欠損 ΔM は

$$\Delta M = 4.0331 - 4.0026 = 0.0305 \text{ [amu]}$$

ここで，C-12 原子がアボガドロ数（6.022×10^{23}）だけ集まれば 12 g となること，および原子質量単位の定義より，1 [amu] = 1 [g]/(6.022×10^{23}) = 1.661×10^{-24} [g] であるから

$$\Delta M = 1.661 \times 10^{-24} \text{ [g]} \times 0.0305 = 5.07 \times 10^{-26} \text{ [g]} = 5.07 \times 10^{-29} \text{ [kg]}$$

$$E = mc^2 \quad (c \text{ は光速} = 2.998 \times 10^8 \text{ [m·s}^{-1}\text{]})$$

の式より結合エネルギー E を求めると

$$E = \Delta M c^2 = 5.07 \times 10^{-29} \text{ [kg]} \times (2.998 \times 10^8 \text{ [m·s}^{-1}])^2 = 4.557 \times 10^{-12} \text{ [J]}$$

となる.

原子や分子のエネルギーを取り扱う場合に [J] や [erg] では単位が大きすぎるので，エレクトロンボルト [eV] がよく用いられる．1 eV は，1 個の電子が 1 V の電位差間で加速されたときに得るエネルギーと定義される．

電子の電荷 e（電気素量）は $e = 1.6021892 \times 10^{-19}$ [C] であるから

$$1 \text{ [eV]} = 1.6021892 \times 10^{-19} \text{ [J]}, \quad 1 \text{ [MeV]} = 1.6021892 \times 10^{-13} \text{ [J]}$$

■ **例題4.2** ■

質量 M [amu] をエネルギー [MeV] に換算する式を導け．また，得られた式を用いて，例題 4.1 の結合エネルギーを [MeV] 単位で求めよ．

【解答】 1 [amu] $= 1.661 \times 10^{-24}$ [g] $= 1.661 \times 10^{-27}$ [kg]
だから，1 amu の質量を $E = mc^2$ の式でエネルギー [MeV] に換算すると

$$\frac{1.661 \times 10^{-27} \text{ [kg]} \times (2.998 \times 10^8 \text{ [m·s}^{-1}])^2}{1.602 \times 10^{-13} \text{ [J·MeV}^{-1}]} = 932 \text{ [MeV]}$$

となるから，以下の式が得られる．

$$E \text{ [MeV]} = 932 \times M \text{ [amu]}$$

この式を用いて例題 4.1 の結合エネルギーを求めると

$$E = 932 \times 0.0305 \text{ [amu]} = 28.426 \text{ [MeV]}$$

(3) 核分裂と核融合

原子核の結合エネルギーを原子の質量数で割ったものを核子 1 個あたりの結合エネルギーと呼ぶ．これは図4.1に示すように，質量数の小さな原子核では質量数の増大とともに急激に大きくなり，質量数が約 60 程度で最大値をとり，以後，質量数の増大とともにゆるやかに減少することがわかっている．

これにより，たとえば質量数の小さな原子核が融合して，質量数の大きな原子核になる際には結合エネルギーの差に相当するエネルギーを外部に放出することになり，これは**核融合**（nuclear fusion）と呼ばれる．

4.1 原子炉の原理

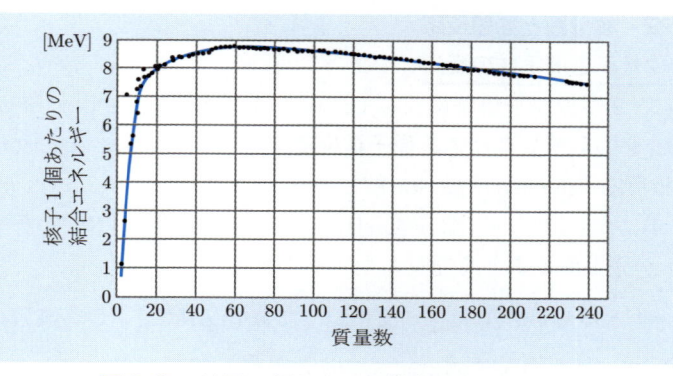

図4.1 核子1個あたりの結合エネルギー

一方，質量数の大きな原子核が質量数の小さい2つの原子核に分裂する場合にも，結合エネルギーの差に相当するエネルギーを外部に放出することになる．これは**核分裂**（nuclear fission）と呼ばれ，原子炉の内部で起きている核反応である．

核融合，核分裂の別を問わず「原子力エネルギー」とはすなわち原子核の結合エネルギーの差に相当するエネルギーが放出されたものにほかならない．

■ 例題4.3 ■

質量数235のウラン（U-235）が中性子1個を吸収して，質量数98のモリブデン（Mo-98）と質量数136のキセノン（Xe-136）に核分裂し，中性子を2個放出した．このときに発生する核分裂エネルギーを，メガエレクトロンボルト [MeV] 単位で求めよ．

ただし，U-235の質量を235.044 amu，Mo-98の質量を97.905 amu，Xe-136の質量を135.907 amu，中性子の質量を1.009 amuとする．

【解答】 反応前の質量の合計は $235.044 + 1.009 = 236.053$ [amu] 反応後の質量の合計は $97.905 + 135.907 + 1.009 \times 2 = 235.830$ [amu] 反応前後の質量差（ΔM）は $\Delta M = 235.830 - 236.053 = 0.223$ [amu] となる．よって，核分裂によって発生するエネルギー E [MeV] は

$$E = 932 \times \Delta M \text{ [amu]} = 932 \times 0.223 \text{ [amu]} = 207.8 \text{ [MeV]}$$

4.1.2 核分裂と連鎖反応

(1) 中性子と原子核の反応

一般に，2つの原子核が衝突して，原子核が結合したり，分解したりして新しい原子核を生じる反応を**原子核反応**（atomic nuclear reaction）あるいは単に**核反応**（nuclear reaction）という．

1919年にラザフォードはα線（Heの原子核）を窒素（N）に当てると，陽子（p）が発生することを発見した．その反応は

$$^{14}\text{N} + \alpha \rightarrow {}^{17}\text{O} + \text{p} \quad \text{または} \quad {}^{14}\text{N}(\alpha, \text{p}){}^{17}\text{O} \quad (\text{O：酸素})$$

と表される．これが人工的に起こされた最初の原子核反応である．

α線や陽子は正の電荷を持つことから，同じく正の電荷を持つ原子核と核反応を起こさせるには**クーロン障壁**（Coulomb barrier）を乗り越えて原子核に近づくためのエネルギーを与えなければならない．そのため加速器などによる加速を必要とする．

これに対して，中性子は電荷を持たないのでクーロン障壁はなく，エネルギーが非常に小さくても原子核の中に入って反応しうる．原子炉内では中性子と原子核の間に次の反応が起きる．

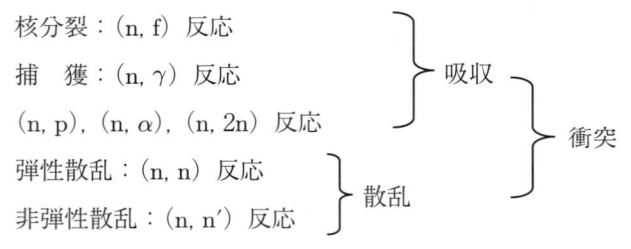

- 核分裂：(n, f) 反応
- 捕　獲：(n, γ) 反応
- (n, p)，(n, α)，(n, 2n) 反応
- 弾性散乱：(n, n) 反応
- 非弾性散乱：(n, n′) 反応

（上3つが「吸収」，下2つが「散乱」，全体で「衝突」）

ここで，「**吸収**」（absorption）とは反応の結果として中性子が消滅する反応の総称である．「核分裂」は反応の過程で中性子が一度消滅し核分裂した結果新しく発生すると考えられるため，「吸収」に含められる．

また，「**散乱**」（scattering）とは中性子と原子核が衝突して中性子が運動方向を変える現象である．反応前後で，運動エネルギーが保存される散乱を「弾性散乱」といい，運動エネルギーが保存されない散乱を「非弾性散乱」という．

4.1 原子炉の原理

♣ 放射線と放射能

放射線（radiation）とは，原子核が余分なエネルギーを発散するときなどに放出する高速の粒子や電離作用を持つ高エネルギーの電磁波（波長が 10^{-10} m 程度以下）である．これに対し，**放射能**（radioactivity）とは，放射線を出す性質（能力）のことであり，放射能を持つ物質を**放射性物質**（radioactive material）と呼ぶ．また，放射能はその強さである放射性物質の量を表す場合もある．

放射線には**表4.1**に示すように多くの種類がある．このうち原子力施設で一般に被ばく管理上重要になるのは α 線，β 線，γ 線，中性子線である．

表4.1　主な放射線の種類

放射線	電磁波	**X線**（原子核の外で発生する） **γ線**（原子核から出る）
	電荷を持った粒子	**β線**（原子核から飛び出る電子） **陽電子**（原子核から飛び出る陽電子） **電子**（加速器で作られる） **α線**（原子核から飛び出る He の原子核） **陽子**（加速器で作られる） **重陽子**（加速器で作られる） 種々の重イオンや中間子
	電荷を持たない粒子	**中性子**（原子炉，加速器，アイソトープなどを利用して作られる）

α 線は陽子 2 個と中性子 2 個からなる He 原子核（α 粒子）の流れであり，正（+）の電荷を持つ．α 粒子を放出した原子核は質量数が 4 減り原子番号が 2 減り別の原子核となる．

β 線は高速の負（−）の電荷を持つ電子の流れである．β 線を放出した原子核は中性子 1 個が陽子に変わるため，質量数は変化せず原子番号が 1 つ増え別の原子核に変わる．

γ 線は原子核から α 線や β 線が放出された直後などに，余ったエネルギーが電磁波として放出されるものである．

中性子線は，核分裂などに伴い放出される中性子の流れである．

電気的に中性な放射線（γ 線や中性子線）は，電荷を持つ粒子の流れの放射線（α 線や β 線）に比べ強い物質透過力を持つ．

放射線と放射能についての国際単位系を**表4.2**に示す．

表4.2　放射能，放射線量の国際単位系（SI）

名　称		単位名（記号）	定　義
放射能		ベクレル（Bq）	1秒間に原子核が崩壊する数を表す単位
吸収線量	吸収線量	グレイ（Gy）	放射線のエネルギーがどれだけ物質（人体を含むすべての物質）に吸収されたかを表す単位 1 Gyは1 kgあたり1ジュールのエネルギー吸収があったときの線量
	線　量	シーベルト（Sv）	放射線によってどれだけ影響があるかを表す単位 （1シーベルト＝1000ミリシーベルト）

(2) 核分裂

(a) 核分裂性核種と親物質　原子炉内で核分裂を起こす核種は限られている．原子炉の燃料として実際に使われるものは，ウラン（U），トリウム（Th），プルトニウム（Pu）それぞれの同位体である．これらは質量数が奇数か偶数かにより核分裂に関する性質が大きく異なる（次頁の ♣ 参照）．奇数の質量数を持つ U-233, U-235, Pu-239, Pu-241 を**核分裂性核種**という．原子炉内に存在する中性子は広い範囲のエネルギー分布を持つ．核分裂性核種はどんなエネルギーの中性子によっても核分裂を起こし，特に媒質温度と平衡状態になるまで減速された低エネルギーの中性子（**熱中性子**：thermal neutron）によって核分裂が起きやすい．

一方，偶数の質量数を持つ Th-232, U-238, Pu-240 を**親物質**という．これらは，一部は高エネルギーの中性子によって核分裂することもあるが，主に原子炉内において中性子を捕獲し，次の反応により核分裂性核種となる．

- $^{238}U(n,\gamma)^{239}U \to (\beta^-, 23\,分) \to {}^{239}Np \to (\beta^-, 2.3\,日) \to {}^{239}Pu$
- $^{232}Th(n,\gamma)^{233}Th \to (\beta^-, 22\,分) \to {}^{233}Pa \to (\beta^-, 27.4\,日) \to {}^{233}U$
- $^{240}Pu(n,\gamma)^{241}Pu$

核分裂性核種のうち天然に存在するものは U-235 のみであり，他は原子炉内で親物質から作られる．

比喩的に U-235 を「燃えるウラン」，U-238 を「燃えないウラン」ということがあるがこれは両者の核分裂性物質，親物質としての性質の違いを指しての表現である．

4.1 原子炉の原理

♣ 質量数の偶・奇による影響

質量数の偶・奇により核分裂に関する性質が影響を受けるのは，陽子数および中性子数が偶数か奇数によって核子固有の角運動量（スピン量）が変化し，結合エネルギーすなわち原子核の安定性が変化するからである． ♣

(b) **核分裂の過程** U-235 が核分裂する場合，中性子が一度 U-235 の原子核の中に入り込み複合核 U-236 を作る．複合核としてできた U-236 は通常よりも余分な内部エネルギーを持つため不安定な状態で，およそ 10^{-14} 秒間で壊変する．複合核の壊変には核分裂の他，捕獲，弾性散乱，非弾性散乱がある．

複合核は核分裂の際に 2 つに割れ，割れた後の原子核のことを**核分裂片**（fission fragment）という．一般的に核分裂による原子核の割れ方は非対称であり多様であるが，その割れ方には一定の確率がありこれを**核分裂収率**（fission yield）という．核分裂収率は核分裂核種や入射する中性子のエネルギーに依存するが，多くの場合，質量数が 95 付近と 140 付近にピークを持つ．**図4.2**に U-235 の熱中性子による核分裂の場合の核分裂収率を示す．

(c) **核分裂に伴う中性子放出** 一般に重い原子核ほど質量数に占める中性子数の割合が大きくなっている（**図4.3**）．これは陽子間に働く電気的反発力を抑えるために多くの中性子が必要となるからである．核分裂の結果生まれる核分裂片はもとの原子核よりずっと小さな原子核となるため，安定な原子核に比べて中性子を余分に含むことになる．そのため，核分裂片の多くは極めて短時間（10^{-17} 秒程度）のうちに中性子を放出する．これを**即発中性子**（prompt neutron）という．これに対しごく一部の核分裂片は遅れて（数分の 1 秒～数十秒後）中性子を放出する．これを**遅発中性子**（delayed neutron）という．遅発中性子数は核分裂の際に発生する全中性子数の 1% にも満たないが，この遅発中性子の存在が人為的に原子炉を制御することを可能にしている．

即発中性子，遅発中性子をあわせて核分裂 1 回あたりに放出される平均の中性子数（これを ν で表す）は核種によっても異なるが，入射中性子のエネルギーの増加に伴ってほぼ直線的に増加する．U-235 の熱中性子による核分裂の場合の ν の値は約 2.5 である．1 回の核分裂により放出された平均 2.5

第4章　原子力発電

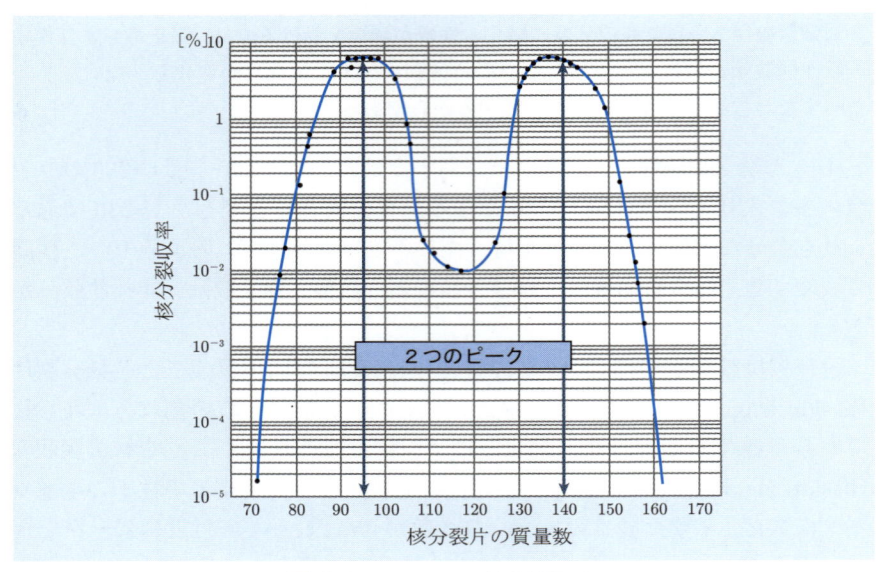

図4.2　U-235 の核分裂収率

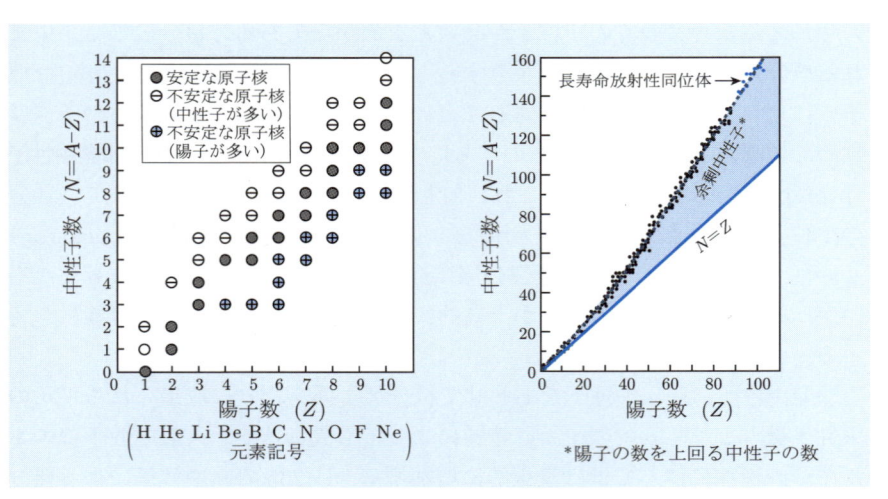

図4.3　原子核の中性子数と安定性

個の中性子のうち，1個以上が再び核分裂を起こすことができれば核分裂の継続すなわち連鎖反応を起こしうることになる．

(d) **核分裂に伴うエネルギー発生**　例題 4.3 で確かめた通り，核分裂 1 回あたり約 200 MeV のエネルギーが発生する．具体的にエネルギーがどのような形で放出されるのかを**表4.3**に示す．

核分裂による発生エネルギーの大部分は核分裂片の運動エネルギーとして放出される．核分裂により 2 つの核分裂片は大きな運動エネルギーを得て放出されるがほとんどがその場で熱エネルギーとなる．

核分裂により発生した直後の中性子の運動エネルギーは平均で約 2 MeV である．中性子は吸収され消滅するまでに他の原子核との散乱を何度も繰り返し運動エネルギーの一部を与えていく．他の原子核に与えられた運動エネルギーもほとんどがその場で熱エネルギーとなる．

即発 γ 線は核分裂片から即発中性子に続いて放出され，エネルギーは高いもので 6～7 MeV，平均でおよそ 1 MeV である．γ 線のエネルギーも結局は熱エネルギーとなるが，γ 線は物質を通り抜ける性質が強いので，核分裂が起こった場所から離れたところで熱エネルギーとなる．

表4.3　U-235，核分裂 1 回あたりの発生エネルギー [MeV]

核分裂片の運動エネルギー		168
発生する中性子の運動エネルギー		5
即発 γ 線のエネルギー		7
核分裂片の壊変による放出エネルギー	β 線	8
	γ 線	7
	中性微子	12 (*)
合　　計		207

♣ **中性微子のエネルギー**

中性微子は周囲の物質と作用せず原子炉を通り抜けるので，炉内での発熱の計算では中性微子のエネルギーは除外される．**表4.3**の核分裂による発生エネルギーから中性微子の分を除外し，さらに中性子の非核分裂性反応によるエネルギー（β 線，γ 線発生により数 MeV 程度）も考慮すれば，原子炉内における核分裂 1 回あたりの総発熱量は約 200 MeV となる．　　　　　　　　　　　　　　　　　　　♣

(e) **崩壊熱**　核分裂片は一般に安定核より中性子が多い．そのため放射性核種であり，何回か β 壊変※して安定核となる．核分裂片の放射性核種は百数十種類におよび，その半減期も数分の1秒から数百万年にも及ぶ．

※　電子を放出する壊変．質量数は変わらず，原子番号は1増える．

このため，原子炉は停止した後も，核分裂によって生じた生成物（核分裂

表4.4　原子炉停止後の崩壊熱　（短期間）

原子炉を無限時間（定格で約3ヶ月）運転後に停止させた場合，停止 t 時間後の崩壊熱

停止 t 時間後	崩　壊　熱 （運転出力の相対値）
停止直後	約 7%
停止 10 秒後	約 5%
停止 1 分後	約 4%
停止 10 分後	約 3%
停止 1 時間後	約 1.5%
停止 10 時間後	約 0.7%
停止 1 日後	約 0.5%

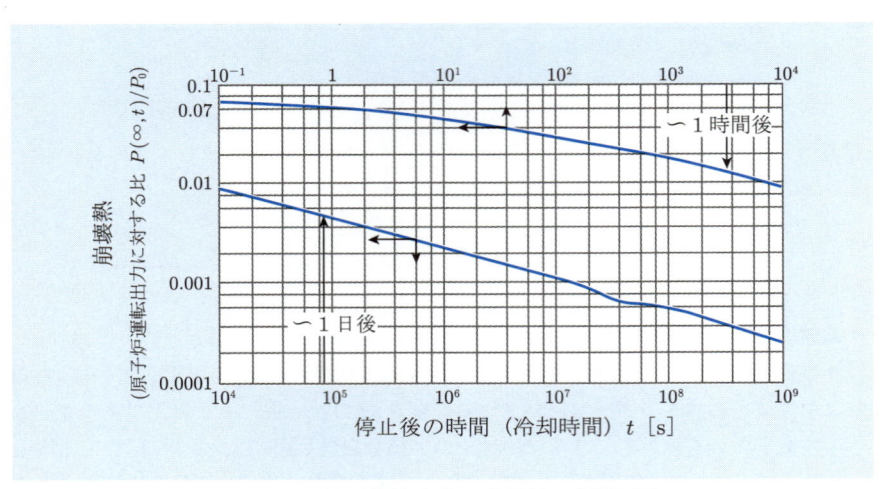

図4.4　原子炉停止後の崩壊熱　（長期間）

片の集まり）の放射性壊変（崩壊）のために熱を発生し続ける．これを**崩壊熱**（decay heat）という．したがって，原子炉は停止後もこの崩壊熱を除去し燃料の溶融を防ぐために冷却を持続させなければならない．原子炉停止後の時間と崩壊熱の関係を**表4.4**（停止1日後まで）および**図4.4**（長期間の崩壊熱曲線）に示す．

> ■ **例題4.4** ■
> 定格熱出力 1,000 MW の原子炉を定格熱出力一定運転で長期間（約3ヵ月以上）運転した後停止した．停止1日後および停止1年後の崩壊熱の概略値を**表4.4**および**図4.4**から求めよ．

【解答】 表4.4より停止1日後の崩壊熱は

$$1000\,[\text{MW}] \times 0.5 \times 10^{-2} = 5.0\,[\text{MW}]$$

図4.4より停止1年後の崩壊熱は運転出力に対し概略 0.0009 程度と読みとれるから

$$1000\,[\text{MW}] \times 0.0009 = 0.9\,[\text{MW}] = 900\,[\text{kW}]$$

4.1.3 原子炉の構成

(1) 原子炉の構成材

原子炉（reactor）は核分裂反応を制御しながら，核分裂で発生した熱エネルギーを定常的に取り出すことができるように設計された装置である．原子炉は**図4.5**に示すように核燃料，減速材，冷却材，制御材，反射体，原子炉圧力容器，遮蔽材などから構成されている．核燃料および減速材で構成されている部分を原子炉の中心という意味で**炉心**（reactor core）と呼ぶ．

(a) **核燃料** 天然に存在する**核燃料**（nuclear fuel）は天然ウランとトリウムである．天然ウランは約 0.7% の U-235 を含み，残りはほとんどが U-238 である．天然ウランより U-235 の含有量を高くしたものを**濃縮ウラン**（enriched uranium）という．

現在主流の軽水型原子炉では U-235 の含有量（濃縮度）を 2〜3% に高めた低濃縮ウランを酸化ウラン（UO_2）の粉末とし，さらにそれを焼結したセラミック燃料が主に使用されている．セラミック燃料は高温および強い放射線照射下でも変形が少ないという長所がある．セラミック燃料は**被覆材**

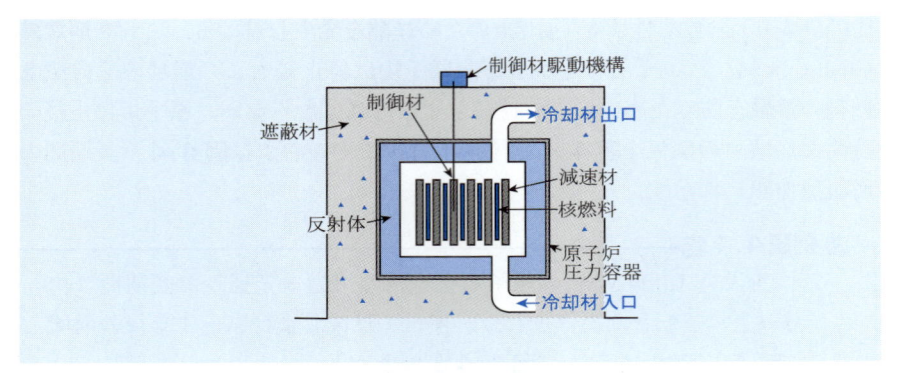

図4.5　原子炉の概念図

(cladding material) とともに燃料棒に加工され，さらに燃料交換などの取扱いが便利なように多くの燃料棒を一体化して**燃料集合体**（fuel assembly）に組み立てられる．

(b)　**減速材**　U-235 は遅い中性子（熱中性子）を吸収して核分裂しやすい．核分裂直後に発生する中性子の運動エネルギーは平均で約 2 MeV であり，非常に高速であるため減速して熱中性子の状態にする必要がある．そのために必要となるのが**減速材**（moderator）である．なお，高速中性子により核分裂を起こさせる高速中性子炉では減速材は不要である．

中性子は，減速材の原子核にあたって運動エネルギーを与えることによって自らはエネルギーを失う．そのため減速材としては原子核の質量数が中性子に近いほど（すなわち軽いほど）減速効果は大きくなる．また，中性子の吸収が少ないことが望まれる．このような特性を備えた軽水（普通の水：H_2O)，重水（水素の同位体である重水素 $^2H=D$ を含む水（D_2O）），黒鉛，ベリリウムなどが減速材として用いられる．

(c)　**冷却材**　冷却材（coolant）は燃料を冷却し，被覆材が溶融しないようにするとともに，核分裂によって発生した熱エネルギーを原子炉外に取り出す役割を果たす．

冷却材には，中性子の吸収が少なく，熱伝達および熱輸送特性が良好で，原子炉の中で中性子の照射による放射化が少ないこと，などの特性が要求される．これらの特性を備えた冷却材として，水（軽水，重水），有機材（ビ

フェニルなど), 気体 (空気, CO_2, He), 液体金属 (Na) が用いられる.

動力炉では熱効率を高めるために, 冷却材を高温にする必要がある. そのため水を冷却材として用いる場合には $70～150 \text{ kg} \cdot \text{cm}^{-2}$ ($280～340 ℃$) に加圧して, 沸点を高くする必要がある. また, 気体を用いる場合には, 熱伝達, 熱輸送特性を改善するため $20～60 \text{ kg} \cdot \text{cm}^{-2}$ に加圧する.

(d) **制御材** 制御材 (control material) は原子炉内で核分裂によって生じた中性子の数を適切に保ち, 核分裂反応を制御する役割を果たす.

制御材には, 中性子を吸収しやすいことの他, 放射線照射に対して安定で, さらに冷却材による腐食を受けにくいこと, などの特性が要求され, ハフニウム, カドミウム, ホウ素, およびそれらの合金や化合物などが用いられる. 炉心への挿入, 引き抜きを容易にするために, 制御材を棒状または板状にしたものを**制御棒** (control rod) という.

(e) **反射体** 反射体 (reflector) は炉心から漏れ出る中性子を再び炉心に戻すために炉心外周に置くものである. 原子炉内での中性子の密度分布は普通中心部が高く, 周縁部に向かうほど減少する. 反射体を炉心の外周に置くことで炉心周縁部の中性子の減少が緩和され, 中性子の密度分布が平均化される.

反射体としては, 減速材と同じ物質, すなわち水, 重水, 黒鉛, ベリリウムなどが用いられる.

(f) **原子炉容器** 炉心部を収納する容器で, アルミニウム, ステンレス鋼, 鉄, コンクリートなどで作られる. 動力炉では冷却材の圧力を高めるため, 炉心部を加圧することが多く, そのため**原子炉圧力容器** (reactor pressure vessel) と呼ばれる.

(g) **遮蔽材** 遮蔽材 (shielding material) は炉心部から外部に漏れる γ 線や中性子などの放射線から人体を守るために設けられる. 遮蔽材としてコンクリート, 水, 鉄などが用いられる. 原子炉の周りはコンクリートで遮蔽することが多い. 燃料交換作業などは水中で行われ水が遮蔽材の役割を果たす.

(2) 増倍率と4因子公式

4.1.2項で述べたように，熱中性子によるU-235の核分裂によって平均2.5個の中性子が放出される．そしてその放出直後の中性子は約2.0 MeVのエネルギーをもつ高速中性子である．この高速中性子が0.025 eVの熱中性子にまで減速される過程で，中性子の一部は減速材や制御材などにむだに吸収されたり，原子炉の外に漏れ出たりする．また，中性子の中には，核燃料中のU-238に吸収されるものもあるが，その大部分は核分裂を起こさない．さらに，中性子がU-235に吸収された場合でも，全てが核分裂を起こすというわけではない．

このような過程において，核分裂で放出された高速中性子1個あたり1つの世代の間に平均して何個の中性子を生み出すかを表す量は**増倍率**（multiplication factor）と呼ばれる．増倍率 k は核分裂が持続するかどうかを決める重要な量である．$k = 1$ の場合は，原子炉は外部から中性子の補給を受けることなく核分裂を続けることができ連鎖反応が実現する（図4.6）．

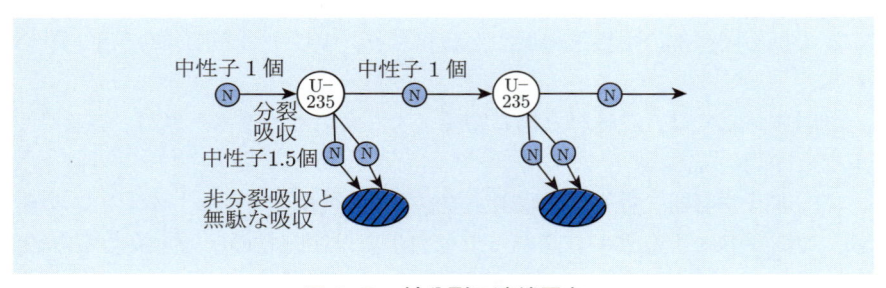

図4.6 核分裂の連鎖反応

いま，原子炉が非常に大きく中性子がこの系から漏れ出ることを考慮しなくてもよい場合の k を無限媒質における増倍率と呼び k_∞ と表す．

この k_∞ は次式のように4つの因子に分解して考えることができる．この式を**4因子公式**という．

$$k_\infty = \varepsilon p f \eta$$

ここで，ε：高速中性子の核分裂効果，p：共鳴吸収を逃れる確率，f：熱中性子利用率，η：再生率．

(a) **高速中性子の核分裂効果 ε**　熱中性子炉における核分裂のほとんどは，熱中性子によって起きるが，高速中性子のままでもいくらかの核分裂が起こる．これは U-238 の高速核分裂によるものである．この核分裂によって中性子数が ε 倍に増加するとする．軽水炉の場合，$\varepsilon = 1.05$ 程度である．ε が 1 よりあまり大きくない理由は，U-238 の核分裂が約 1 MeV 以上の中性子によってのみ起こりうることと，核分裂で放出された中性子（約 2 MeV）は減速材によってすぐに 1 MeV 以下に減速してしまうことによる．

(b) **共鳴吸収を逃れる確率 p**　高速中性子が熱中性子に減速される過程で吸収されるのは大部分が U-238 による吸収で，この吸収のしかたは**共鳴吸収**（resonance absorption）と呼ばれるものである．共鳴吸収では，中性子が 10 eV 付近の特定のエネルギーで U-238 への吸収が急に大きくなる．

p は高速中性子が共鳴吸収されないで熱中性子になる割合であり，$p = 0.8 \sim 0.9$ 程度の値になる．

(c) **熱中性子利用率 f**　熱中性子は燃料や減速材の中を拡散した後，最終的にはすべてどこかに吸収される．熱中性子を吸収する物質としては，核燃料，減速材，制御材その他（冷却材，構造材など）がある．全吸収のうち，核燃料に吸収される割合を熱中性子利用率と呼び f で表す．

$$f = \frac{\text{核燃料に吸収される熱中性子数}}{\text{吸収される熱中性子の全数}}$$

f の値は通常 0.9 程度となる．

(d) **再生率 η**　燃料に熱中性子が 1 個吸収されたとき，核分裂によって発生する中性子の平均数を**再生率**と呼び η で表す．η は熱中性子の燃料への全吸収に対する核分裂の割合に ν（核分裂 1 回あたりに発生する平均中性子数）を乗じたもので，1.3 程度の値となる．

以上から，核分裂で発生した 1 個の中性子は，高速中性子による核分裂で ε 個に増え，U-238 への共鳴吸収によって εp 個の熱中性子となる．そのうち $\varepsilon p f$ 個の熱中性子が核燃料に吸収され，核分裂によって新しい中性子が $\varepsilon p f \eta$ 個生まれることになる．濃縮ウラン炉の例では，$k_\infty = 1.35$ 程度となる．

有限な原子炉の場合，炉心の外周付近での散乱により外向きになった中性子は，反射体があったとしてもその一部が炉心外部に漏れる．したがって，

現実には中性子の漏れを考えて実効増倍率 k_{eff} を考えなくてはならない．

中性子の漏れは，通常，熱中性子になってからの漏れと減速途中での高速中性子の漏れに分けて考え，k_{eff} は次式で表わされる．

$$k_{\text{eff}} = k_\infty P_{\text{f}} P_{\text{th}}$$

ここで，P_{f} は高速中性子の漏れ出ない確率，P_{th} は熱中性子の漏れ出ない確率である．

実際の原子炉で，もし $k_{\text{eff}} = 1$ を満足すれば，最初 1 個であった中性子が 1 世代を経てもやはり 1 個で，中性子の数すなわち原子炉の出力は時間とともに変化しない．このような状態を**臨界状態**（critical state）という．$k_{\text{eff}} > 1$ の状態を**臨界超過**（super-critical）といい，中性子の数および原子炉出力は時間とともに増加する．逆に $k_{\text{eff}} < 1$ の状態を**臨界未満**（sub-critical）といい，中性子の数および原子炉出力は時間とともに減少する．そこで次式

$$k_{\text{eff}} - 1 = k_{\text{ex}}$$

で与えられる k_{ex} を**余剰増倍率**（excess multiplication factor）という．

また，k_{ex} と k_{eff} の比（$k_{\text{ex}}/k_{\text{eff}} = \rho$）で表される ρ は原子炉の**反応度**（reactivity）と呼ばれ，原子炉が臨界状態からどのくらい離れているかを示す量である．

4.1.4　原子力発電の仕組

原子炉は，前項で説明した通り，核燃料を装荷し燃料内で核分裂を起こさせ，その核分裂の連鎖反応を制御しつつ多量のエネルギーを発生させる装置である．原子炉の中に冷却材を通して熱を奪いその熱で得られる蒸気を蒸気タービンに供給して発電が行われる．蒸気タービン以降の設備は基本的に火力発電設備と変わらない．図 4.7 に火力発電との相違を示す．

火力発電で用いられるボイラでは燃料の供給量を調節することで出力を制御するが，原子力発電の場合には，原子炉にあらかじめ数年分の核燃料を装荷しておき，制御棒の出し入れなどにより原子炉の起動，運転および停止を行う．

火力発電のボイラでは，たとえば発電を止めるような事故が起こったとき，燃料の供給を止めればボイラの燃焼を即座に停止させることができる．燃料

4.1 原子炉の原理

が燃焼し尽くせば，その後ボイラの発熱はない．これに対し原子力発電の原子炉では，制御棒を入れて核分裂による発熱を停止させても炉心では燃料棒内に蓄積した**核分裂生成物**（**FP**：Fission Products）の崩壊熱による発熱が続く．もし，何らかの原因で除熱ができなければ燃料の温度は上昇し，やがて燃料は破損しさらには溶融に至る．

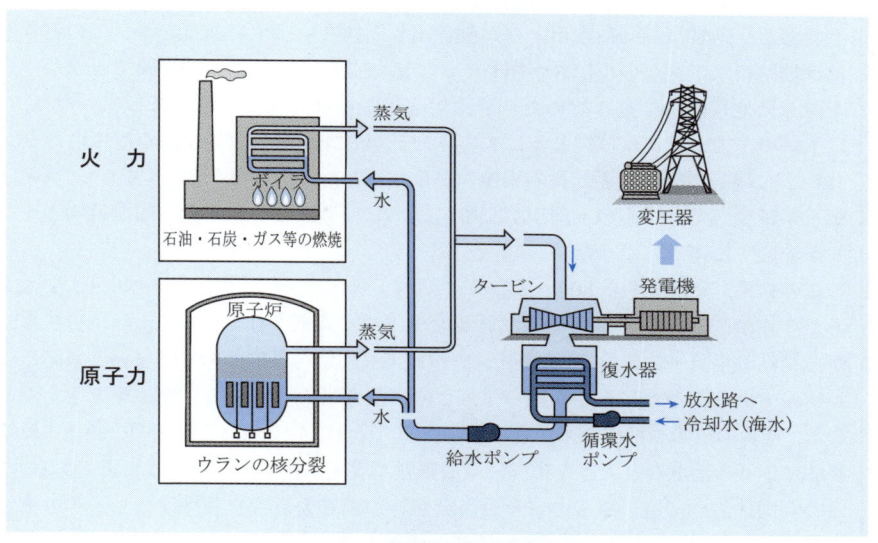

図4.7 火力発電と原子力発電の違い

● 事故から学ぶ① 「スリーマイルアイランド原子力発電所事故の概要」 ●

　1979年3月28日未明，アメリカのペンシルベニア州スリーマイルアイランド（TMI）原子力発電所2号機（PWR，電気出力96万kW）で，周辺に放射性物質が放出され，住民が避難する事故が起きた．

　この事故の発端は，復水器の水を蒸気発生器へ送る主給水ポンプが停止したことである．通常は補助給水ポンプが動き出し問題ないはずであったが，このときには補助給水ポンプの出口弁が閉じていて蒸気発生器に冷却水が供給できなかった．その他自動的に動き始めた非常用炉心冷却系を運転員が止めてしまったり，原子炉の圧力が下がれば閉じるはずの圧力逃がし弁が開いたままになっていたりといった機器の故障や運転員の誤操作が重なった．この結果，原子炉内の一次冷却水が減少して，炉心の上部が蒸気中に露出し，過熱した燃料や炉内構造物の一部が溶融する事故に至った．

　この結果，発電所から80 km以内に住んでいる住民が20人・シーベルト，1人あたり0.01ミリシーベルトの放射線量を受けたと評価されている．これは自然界から受ける年間平均線量（2.4ミリシーベルト）に比べ事実上影響がないといえるレベルである．それにもかかわらず，この事故が世界各国に大きな衝撃を与えたのは，複数の故障や操作ミスが重なることで，安全設計で想定した範囲を超え，最終的に炉心の溶融など大きな損傷に至る事態が現実に起こったという事実である．

　わが国においても，原子力安全委員会が特別調査委員会を設け検討し，その結果，「設計に係わる事項」と「運転管理に係わる事項」に分けて「わが国の安全確保対策に反映させるべき事項」として教訓を抽出した．主なものを以下に示す．

【設計に係わる事項】
　①安全機能として分類すべき機器・系統の分類の明確化と，それらの安全機能上の相対的重要度の分類基準の制定
　②運転員の誤操作防止対策の充実　など

【運転管理に係わる事項】
　①一次系の状態監視機能の強化
　②運転操作要領書の充実
　③運転長の資格審査制度の設立　など

4.2 原子力発電プラントの種類

4.2.1 原子炉の分類

原子炉は，どのような点に着目するかによって，いくつかの分類が可能である．以下に，着目点別に原子炉の分類を示す．

(1) 中性子エネルギー：「熱中性子炉」と「高速中性子炉」

連鎖反応を起こす中性子が主に熱中性子か高速中性子かによって**熱中性子炉**（thermal neutron reactor）と**高速中性子炉**（fast neutron reactor）に分類される．高速中性子炉は減速材を必要としない．

(2) 燃料と減速材の構成方法：「均質炉」と「非均質炉」

共鳴吸収を逃れる確率を大きくできること，また，制御棒挿入や燃料取替えが容易にできることなどから，現在実用化されている炉のほとんどが燃料と減速材を分けて配置する**非均質炉**（heterogeneous reactor）である．

(3) 減速材の種類：「軽水炉」，「重水炉」，「黒鉛炉」

減速材として軽水を用いる軽水炉では軽水による中性子の吸収が大きいため燃料として天然ウランは使用できないが，中性子吸収の小さい重水や黒鉛を減速材として用いる重水炉，黒鉛炉では天然ウランを燃料として使用できる．

(4) 冷却材の種類：「水冷却炉」，「ガス冷却炉」，「液体金属冷却炉」

それぞれ，冷却材として水，ガス，液体金属を用いる．冷却材として液体ナトリウムを用いる高速増殖炉は液体金属冷却炉に分類される．

上記の他に，原子炉の利用目的により分類することもある．たとえば発電目的の原子炉は「発電炉」，研究目的の原子炉は「研究炉」という．

また，原子炉の分類とは別に，開発段階に応じた「実験炉」，「原型炉」，「実証炉」，「実用炉」といった呼称もある．

4.2.2 発電用原子炉プラントの種類と特徴

(1) 発電用原子炉プラントの概要

原子炉の動力は主に発電用として利用されている．原子炉の形式によらず，現在の発電用原子炉プラントのほとんどが，蒸気を発生させその蒸気によりタービン発電機を回転させることにより発電する方式をとっている．タービ

表4.5 各種発電用原子炉の構成の比較

炉 型	構成			原子炉圧力 [kg・cm^{-2}]	冷却材出口温度 [℃]
	核燃料	減速材	冷却材		
【軽水炉】					
加圧水型	低濃縮 UO_2	軽水	軽水	140	320
沸騰水型	低濃縮 UO_2	軽水	軽水	70	285
【黒鉛ガス炉】					
マグノックス	天然 U 金属	黒鉛	CO_2	20〜40	400
改良ガス型	低濃縮 UO_2	黒鉛	CO_2	34〜43	645〜670
高温ガス型	低濃縮 UO_2	黒鉛	He	20〜50	700〜800
【重水炉】					
重水冷却型	天然 UO_2	重水	重水	60〜112	275〜300
沸騰軽水冷却型	低濃縮 UO_2	重水	軽水	67	282
【高速増殖炉】					
液体金属冷却型	UO_2+PuO_2	なし	Na	1.3	500〜560

ン発電機は蒸気量が同じであれば蒸気温度,圧力が高いほど熱効率がよくなり高出力が得られる.このため発電用原子炉プラントでは原子炉側の設計上可能な範囲で蒸気温度,圧力を高め蒸気条件を良くすることが要求される.発電用原子炉は先に示したように,核燃料,減速材,冷却材などの組合せによりいろいろな炉型に分類される.**表4.5**に代表的な炉型について,核燃料,減速材,冷却材の構成と蒸気条件などの概略を示す.

(2) 軽水型原子力発電所

一般的に「軽水炉」と呼ばれる**軽水型原子炉**(**LWR**:Light Water Reactor)は軽水を減速材および冷却材として用いる原子炉である.出力密度が高く経済性に優れていることから現在世界で稼働している原子力発電所の80%以上は軽水炉である.タービン発電機を回転させるための高温・高圧蒸気を発生させる原子炉とプラント構成の違いにより,軽水炉は**沸騰水型原子炉**(**BWR**:Boiling Water Reactor)と**加圧水型原子炉**(**PWR**:Pressurized Water Reactor)に大別される.

(i) 軽水炉の長所(PWR, BWR 共通)

● 水(H_2O)は水素原子(H)を多く含むことから優れた減速材であるとともに,流体の中では比熱が最も大きく熱伝導率も大きいため,原子炉で発

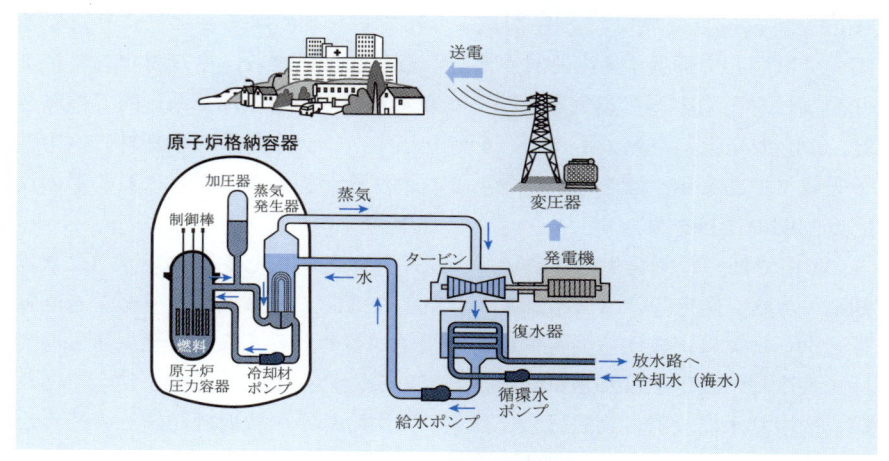

図4.8　PWRの概要図

生した熱を効率よく奪うことができる優れた冷却材でもある．
- 核燃料として用いられる酸化ウランは水により浸食されにくい．そのため，核燃料やその中に蓄積される核分裂生成物が冷却材（水）に溶け出しにくい．
- 高温・高圧の水や蒸気は先行的に火力発電所で取り扱われてきており，それまでに蓄積された技術や経験が有効に活用できる．

（ⅱ）**軽水炉の欠点**（PWR, BWR共通）
- 軽水は優れた減速材であるが，重水や黒鉛に比べると中性子を吸収しやすい．このため天然ウラン燃料では核分裂の連鎖反応を維持することができず，燃料としてU-235の比率を2～3%程度に高めた低濃縮ウランを用いる必要がある．
- 高温・高圧の水を用いるため冷却材が流れる部分は高温・高圧に耐える構造にする必要があり，その配管などに破損が生じた場合，高温・高圧の水や蒸気が噴出し重大な事故につながる危険性がある．

以下，PWRとBWRそれぞれの構造上の特徴について述べる．

(a)　**加圧水型原子力発電所**　PWRは図4.8に示すように，一次冷却系と二次冷却系からなる二重ループ構造になっている．この構造を**間接サイクル**

(indirect cycle) と呼ぶ．加圧器により冷却材を加圧することにより，原子炉内では炉心を通過する冷却材が沸騰しないようにする．冷却材ポンプにより冷却材を圧力容器・蒸気発生器をつなぐループ（**一次冷却系**）内で循環させ，炉心で発生した熱エネルギーを取り出す．一次冷却系の冷却材には中性子吸収材であるホウ酸を溶解させ，このホウ酸が制御棒とともに原子炉の反応度制御の役目を果たす．

PWRでは，蒸気発生器において一次冷却水とタービン系の給水（**二次冷却系**）が熱交換を行い二次冷却水が蒸気となる．この蒸気がタービンを回転させタービンに直結する発電機により発電が行われる．なお，蒸気発生器では一次冷却水と二次冷却水は分離されているため，蒸気発生器が健全であれば二次冷却水に放射性物質は含まれず，二次冷却系の放射線防護上の観点からは有利である．

PWRにおける原子炉の出力制御は，短期変動に対しては制御棒により，長期変動に対しては一次冷却水中のホウ酸濃度（ケミカルシム）を制御することにより行われる．

PWRは全世界で広く普及しており，わが国でも関西電力（株）などの原子力発電所で多く採用されている．

(b) **沸騰水型原子力発電所**　BWRには蒸気発生器がなく，原子炉圧力容器の中で冷却材を沸騰させることにより蒸気を作り，この蒸気で直接タービン発電機を回して発電する．この点がPWRと大きく異なる点であり，この方式を**直接サイクル**（direct cycle）という．BWRの概要図を**図4.9**に示す．

BWRでは，原子炉で発生する蒸気を直接タービンに導くため，圧力容器の圧力は比較的低く，かつ蒸気を直接利用するため，タービン入口の蒸気条件を高めに設定できるため設計上有利である．しかし，炉内から直接蒸気を取り出してタービンに送るため，原子炉建屋だけでなくタービン建屋でも放射線防護上の対策が必要となる．

BWRにおける原子炉の出力制御は，長期停止や緊急停止に対しては制御棒により，短期的な変動に対しては再循環ポンプで炉心流量を変化させることにより制御する．軽水炉では冷却材が減速材を兼ねていることから，炉心流量を変化させることにより炉心で発生する気泡（ボイド）の量すなわち冷

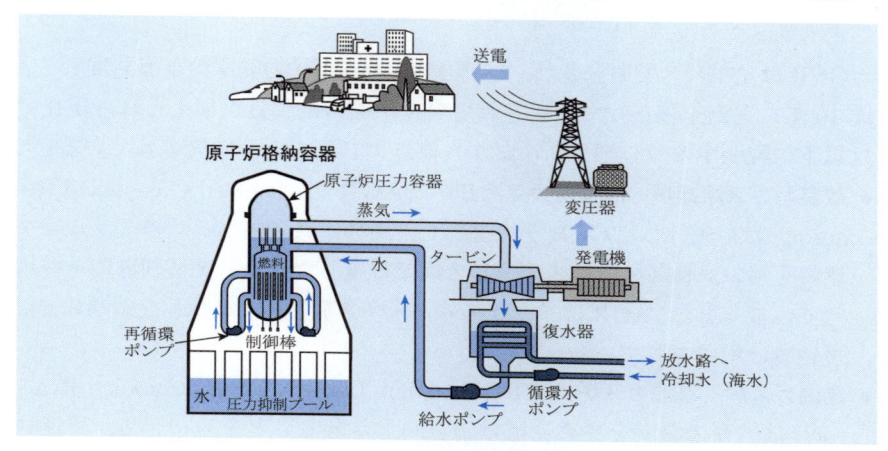

図4.9　BWRの概要図

却材（＝減速材）の密度を調節でき，それにより核分裂を引き起こす熱中性子の量が調節できる．

BWRはアメリカおよびアジアを中心に普及しており，わが国でも東京電力（株）などの原子力発電所で多く採用されている．

(c)　**軽水型原子力発電所の安全設計の考え方**　原子力発電所における最終的な「安全」とは，原子炉内で起きた核反応の結果発生する放射性物質を外部に放出しないことにある．そのような緊急事態に至るおそれのあるときは，原子炉を確実に「止める」，燃料が溶けないように確実に「冷やす」，放射性物質を外に漏らさないように確実に「閉じ込める」ことが基本となる．原子力発電所の安全確保の対策については後述する．

(3)　その他の発電用原子炉プラント

軽水型原子力発電所の他に，運用中，開発中のものを含め次のような原子炉型式がある．

(a)　**ガス冷却型原子炉**　ガス冷却型原子炉（**GCR**：Gas-Cooled Reactor）は，減速材に黒鉛，冷却材に炭酸ガスを使用し，熱交換器を介して蒸気を発生させて蒸気タービンを駆動する方式である．燃料には天然ウランを用い，反射体には黒鉛，制御棒にはほう素鋼を用いる．マグノックスと呼ばれるマグネシウム合金を燃料被覆に用いることから「マグノックス炉」と呼ばれる

こともある．

GCRはイギリスで開発され，わが国でも日本原子力発電の東海発電所（平成10年に運転を停止）で採用されていた．その後改良が加えられ，現在では以下に説明する改良型ガス冷却炉，高温ガス炉などが開発されている．

- **改良型ガス冷却炉** 改良型ガス冷却炉（**AGR**：Advanced Gas-cooled Reactor）は，先行したGCRを原型とし，燃料に低濃縮ウランのセラミック燃料を用い，制御材にはステンレス鋼で被覆したクラスタ型制御棒を採用している．なお，AGRはイギリスのトーネス発電所での採用を最後に，新規建設は中断されている．

- **高温ガス炉** 高温ガス炉（**HTGR**：High Temperature Gas-cooled Reactor）は，ガス温度を高め発電効率を向上させることを目指して，減速材に黒鉛，冷却材にヘリウムガスを利用した炉型式である．高温ガス炉の特徴としては，冷却材温度が高いことから，蒸気発生器を介した蒸気サイクルの他，蒸気発生器に代えてガスタービンを設け高温ヘリウムガスにより直接ガスタービンを駆動することにより熱効率の向上が期待できることである．

現在，アメリカ，南アフリカ，日本，中国などにおいて高温ガス炉の研究開発が行われているが，ヘリウムガスタービンサイクル発電への利用のみではなく，1000℃近い冷却材温度を利用した水素製造など，発電以外の利用についても検討が進められている．

(b) **黒鉛減速沸騰軽水冷却圧力管型原子炉** 黒鉛減速沸騰軽水冷却圧力管型原子炉（**RBMK**：Reaktory Bolshoy Moshchnosti Kanalniy）は減速材として黒鉛，冷却材として軽水を使用し，燃料に低濃縮ウランを用いた原子炉であり旧ソ連で開発された．

原子炉は減速材である黒鉛ブロックの中に，ボロンカーバイドを含んだ制御棒と，燃料集合体が1体ずつ収められた「圧力管」と呼ばれる管が多数配置されている．圧力管の各々は「チャンネル」と呼ばれ冷却材の流路となる．冷却材は圧力管に運ばれ，燃料集合体で発生した熱を運び出すように循環ポンプで強制循環される．原子炉の上部には気水分離器が設けられ，ここで蒸気のみが取り出されタービンに送られる．図4.10にRBMKの概要図を示す．

4.2 原子力発電プラントの種類

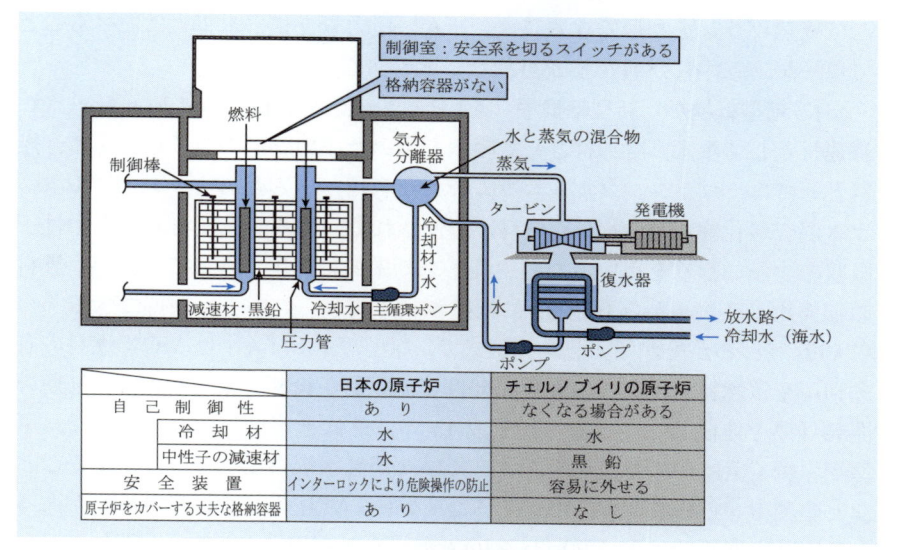

図4.10　RBMKの概要図

	日本の原子炉	チェルノブイリの原子炉
自己制御性	あり	なくなる場合がある
冷却材	水	水
中性子の減速材	水	黒鉛
安全装置	インターロックにより危険操作の防止	容易に外せる
原子炉をカバーする丈夫な格納容器	あり	なし

　RBMKでは，軽水炉のような原子炉容器を必要とせず小規模の工場で生産可能な圧力管を増やすことで出力増加が可能なことや，運転中でもチャンネルごとの燃料交換が可能であることなどの利点がある．しかしその一方で，中性子の減速は主に黒鉛が行い冷却材である軽水はもっぱら中性子吸収剤として機能しているため，冷却材の密度変化が激しい低出力領域では，出力上昇によりボイドが増えると冷却材密度が下がり中性子数が増加してさらに出力上昇につながる（ボイド係数が正）という大きな欠点がある．1986年に事故を起こしたチェルノブイリ4号機はこの型式の原子炉である．旧ソ連では重くて大きい原子炉容器を船舶輸送できない内陸部に十数基のRBMKを作ったとされるが，チェルノブイリの事故以後この型式の原子炉の建設計画はなくなった．

　(c)　**カナダ型重水炉**　カナダ型重水炉（**CANDU**：Canadian Deuterium Uranium Reactor）は，減速材，冷却材ともに重水を用いた圧力管型の原子炉であり，カナダで開発された炉型式である．中性子吸収が少ないことから中性子の減速性能に優れた重水を減速材と冷却材に用いることにより燃料と

して天然ウランを利用できること，また，圧力管を横（水平）に並べることで原子炉運転中に燃料交換が可能なことが主な特徴である．

(d) **新型転換炉** 新型転換炉（**ATR**：Advanced Thermal Reactor）は，減速材として重水，冷却材として軽水を用いた圧力管型の原子炉である．燃料としては，ウラン，プルトニウムなどが利用できるためウラン・プルトニウム混合酸化物燃料（MOX燃料）が使われる．また，減速材として中性子吸収の少ない重水を用いるため中性子を効率的に利用できることから，燃料の転換比（U-238からPu-239に転換される割合）の向上も期待できる．

ATRは，わが国が開発した炉型式で，原型炉「ふげん」はMOX燃料の有効利用や核燃料サイクルの実現に向けて先駆的な役割を果たしたが，初期の開発目標を達成したことから，平成15年に運転を停止している．また，原型炉に続く実証炉の建設が計画されていたが軽水炉に比べ経済性が劣ることなどの理由から平成7年に中止された（なお，ATR実証炉の建設計画があった青森県大間町では平成20年，MOX燃料有効利用などATRの役割を引き継ぐ形でフルMOX − ABWR[※]が建設着工した）．

※　炉心全体にMOX燃料の装荷が可能となるように設計された改良型BWR．

(e) **高速増殖炉** 軽水炉で生成したプルトニウムを高速中性子により核分裂させるとともに，核分裂で発生した高速中性子をU-238に吸収させることで，消費分以上のプルトニウムを生成する原子炉を**高速増殖炉**（**FBR**：Fast Breeder Reactor）と呼ぶ．軽水炉で発生したプルトニウムの消費，U-238を大量に含む劣化ウランの有効活用など，核燃料の有効利用が可能となる．

FBRでは，原子炉を含む一次ナトリウム系，一次系の熱エネルギーを水系に伝える二次ナトリウム系，さらにタービンを駆動する水・蒸気系より構成される．一次ナトリウム系，二次ナトリウム系，水・蒸気系の各々は中間熱交換器，蒸発器を介して熱交換を行う．冷却材として使用するナトリウムは比較的低温（約100℃以上）で液体となり，伝熱性にも優れるため，高温蒸気を発生させることができ，熱効率の向上が見込めるが，その一方で，ナトリウムは水と激しく反応する性質があり取扱いが難しいという欠点がある．図4.11にFBRの概要図を示す．

わが国では，実験炉「常陽」が運転され，原型炉「もんじゅ」が建設中（試運転段階）である．

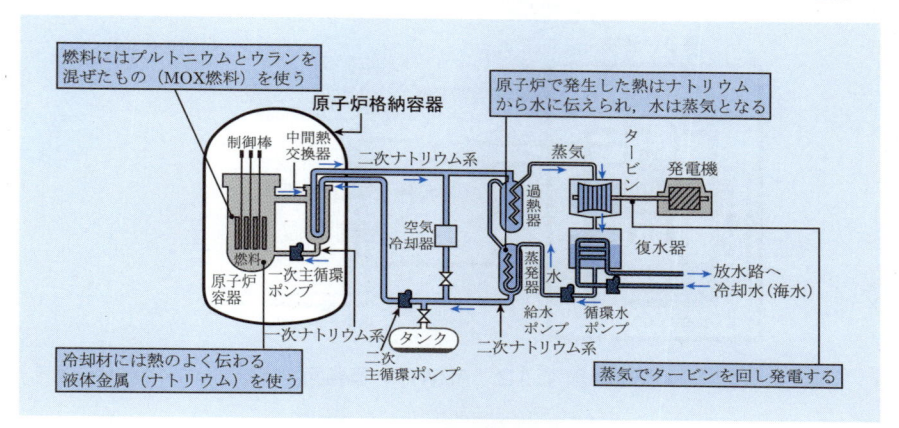

図4.11　FBRの概要図

4.2.3　改良型軽水炉

改良型軽水炉は，国内外の原子力発電所の建設や運転・保守の経験を踏まえ，国・電力会社・メーカーの三者により開発実証された技術を集大成し，十数年の歳月をかけて開発されたものである．昭和50年に通商産業省（当時）内に「原子力発電設備改良標準化調査委員会」が設置され，第三次改良標準化計画までが実施された．これにより軽水炉の安全性，信頼性さらには経済性の向上を図るとともに，作業効率や作業環境の改善などの成果が得られた．

(1)　改良型沸騰水型原子炉

第三次改良標準化計画の成果を反映して**改良型沸騰水型原子炉（ABWR：Advanced Boiling Water Reactor）**が開発された．本炉型式は，東京電力（株）の柏崎刈羽原子力発電所第6, 7号機として初めて採用され，その後の沸騰水型原子炉の建設に順次採用されている．図4.12に改良型沸騰水型原子炉の概要を示す．

(a)　**インターナルポンプの採用**　従来のBWRでは，原子炉出力制御のための炉心流量調整を，炉外に設置した原子炉冷却材再循環ポンプおよび炉内のジェットポンプ（ノズルに急流速を通すことで，ノズル周りの冷却材も巻き込んで供給流量以上の冷却材流量を供給する装置）で行っていた．これに

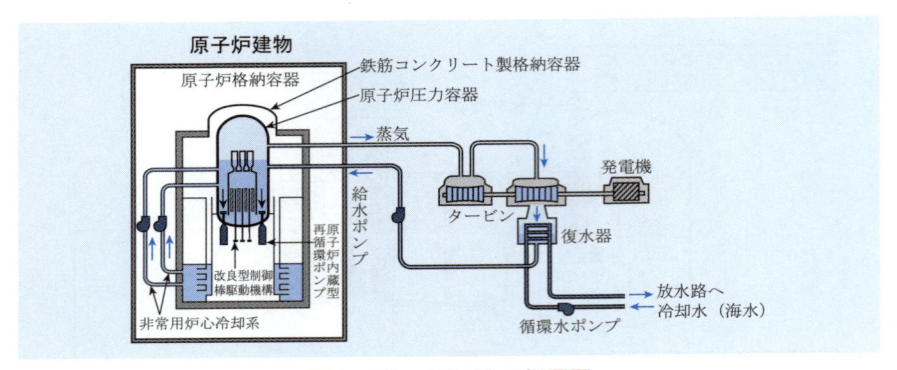

図4.12　ABWRの概要図

対し，ABWRでは炉内内蔵型の**インターナルポンプ**（**RIP**：Reactor Internal Pump）を採用することで再循環系配管のループを省略することが可能となり，以下の効果が得られた．
- 再循環系配管の破断による重大事故の可能性が低くなり安全性が向上した．
- 放射線の線量が高い部位である再循環系配管の**供用期間中検査**（**ISI**：in-service inspection）が省略され，被ばく量低減が図られた．
- 原子炉圧力容器の設置位置を下げ，格納容器を小さくできることから経済性が向上した．
- 原子力圧力容器等の重量物の設置位置が下がるため，建屋全体の重心も低くなり耐震性が向上した．

　(b)　**改良型制御棒駆動機構の採用**　従来のBWRでは，制御棒の駆動には水圧制御の駆動機構が用いられていたが，ABWRでは制御棒の緊急挿入は従来通り水圧制御駆動で行うが，通常駆動は電動モータによる**改良型制御棒駆動機構**（**FMCRD**：Fine Motion Control Rod Drive）にて行うように変更した．これにより制御棒位置の微調整が容易となり，運転性が向上した．

　(c)　**鉄筋コンクリート製格納容器の採用**　従来のBWRで採用されてきた鋼製自立型の格納容器に代え，ABWRでは，**鉄筋コンクリート製格納容器**（**RCCV**：Reinforced Concrete Containment Vessel）を採用している．RCCVは，格納容器に要求される機能のうち耐圧機能，遮蔽機能，耐震機能は原子炉建屋と一体化した鉄筋コンクリートが受け持ち，漏えい防止機能は

コンクリートに内張りされた鋼製ライナーが受け持つもので，これにより格納容器の最適化が可能となり耐震性と経済性がともに向上した．

　(d)　**非常用炉心冷却システムの最適化**　2系統の高圧炉心注水系（HPCF）および1系統の原子炉隔離時冷却系（RCIC），ならびに3系統の残留熱除去系／低圧注水系（RHR/LPFL）を組み合わせた独立3区分の系統で構成し，各区分のいずれにも高圧の注水系および低圧の冷却系を有するシステムとしている．さらに，高圧の注水系のバックアップとして自動減圧系を設けている．この結果，従来のBWRと比べ高圧の注水系が強化され，信頼性・安全性が一層向上した．

　(e)　**計測技術のディジタル化**　ABWRの計測制御システムでは，常用系のみならず非常用系にも従来のアナログ制御から制御性・信頼性・保守性に優れるディジタル制御を採用している．また，従来のBWRにおける運転経験を踏まえ，フラットディスプレイなどの採用，運転管理における自動化範囲の拡大などによりヒューマンマシンインターフェイスの改善が図られている．

(2) 改良型加圧水型原子炉

BWRと同様，PWRについても第三次改良標準化計画の成果および従来炉の運転経験，知見を反映して，安全性・信頼性・運転性などの改善を目的として，**改良型加圧水型原子炉**（**APWR**：Advanced Pressurized Water Reactor）が開発されている．本炉型式は，日本原子力発電（株）の敦賀原子力発電所第3, 4号機に採用が予定されている．以下にAPWRの主な特徴を述べる．

　(a)　**安全性の向上**　従来のPWRでは，高圧で炉内に注入するシステムとして容量100%の高圧注入系を2系列で構成している．これに対し，APWRでは，容量50%のものを4系列構成とするとともに，その水源を格納容器内に設置し，水源切替えの操作を不要とすることにより信頼性を向上させている．

さらに高性能蓄圧タンクの採用などによりシステム構成の簡素化が図られ安全設備の信頼性が向上されている．

　(b)　**信頼性の向上**　これまでの国内外の運転経験に基づき，原子炉の内部構造や蒸気発生器など，主要設備の改良を行い，より信頼性の高い設備設計としている．

たとえば，従来のPWRでは炉心に冷却材を導くために，燃料の周りにステンレス板を多数のボルトで止めた「炉心バッフル」という構造物を設置している．それに対し，APWRでは炉心バッフルの役割を兼ね備え，ボルトなどの部品数が少ない構造の「中性子反射体」を採用し，構造を簡素化して信頼性を向上させている．また，中性子反射体は，中性子を効率的に反射するため，燃料の効率的な利用（高燃焼度化，MOX燃料使用など）につながる．

また，蒸気発生器の伝熱管の材料について，従来のPWRで採用している合金（インコネルTT600）に変えて，APWRではさらに腐食に強い材料（インコネルTT690）を採用する．さらに，伝熱管上部を支持する振れ止め金具については，伝熱管の流動振動をより確実に抑えるため，支持点数を4点から9点に増加し振動に対する余裕を拡大する．

(c) **運転性の向上** ABWRと同様，発電所の運転をより安全で容易なものにするために，高度なディジタル技術を用いた新型中央制御盤を採用し，発電所の運転監視や運転操作，運転員相互の情報共有を容易にすることで，ヒューマンエラーを防止する設計としている．

新型中央制御盤では，機器の監視と操作が「監視操作用ディスプレイ」で集中して行えるタッチオペレーションにより運転操作を容易にしている他，「大型表示盤」の設置により，運転員全員がプラント情報を共有できる設計としている．この他に，発電所の制御や原子炉の保護を行うための装置（制御保護装置）に最新の高度なディジタル技術を用いて，システムの信頼性向上を図る．

● 核燃料サイクル ●

原子力発電所で使用された使用済燃料の中には，核分裂しなかったU-235やU-238が中性子を吸収することにより新たに生まれたPu-239などが含まれており，これらを回収して燃料として再び加工すれば発電所での再利用が可能となる．このような核燃料の再利用に関する一連の循環過程を「核燃料サイクル」という．

核燃料サイクルには，「採鉱・製錬」，「燃料加工（転換〜濃縮〜再転換〜成型加工）」，「発電」，「使用済燃料貯蔵」，「再処理」，「MOX燃料加工」，「再利用（発電）」，「放射性廃棄物の処理・処分」の過程がある． (p.164へ続く)

表4.6 APWRとPWR(従来型)の設計主要項目

大項目	項目		APWRのプラントの計画仕様	110万kWe級標準プラントの仕様
出力	電気出力		約1,530 MWe	1,180 MWe
	炉心熱出力		約4,450 MWt	3,410 MWt
炉心設備	燃料タイプ		17×17	17×17
	燃料集合体		257体	193体
	炉心等価直径		3.9 m	3.4 m
	炉心有効高さ		3.66 m	3.66 m
	ウラン装荷量		118 t	89 t
	平均線出力密度		17.61 kW・m^{-1}	17.9 kW・m^{-1}
	中性子反射体		ステンレス材	――
一次冷却設備	運転圧力		157 kg・cm^{-2}・g^{-1}	157 kg・cm^{-2}・g^{-1}
	一次冷却材回路数		4	4
	一次冷却材流量		25,800 m^3・h^{-1}/ループ	20,100 m^3・h^{-1}/ループ
	原子炉容器	内径	5.2 m	4.4 m
		全高	13.6 m	12.6 m
	蒸気発生器	台数	4台	4台
		伝熱面積	6,500 m^2/台	4,785 m^2/台
		全高	20.8 m	20.6 m
	一次冷却材ポンプ	台数	4台	4台
		馬力	8,000 ps/台	6,000 ps/台
工学的安全施設	非常用炉心冷却設備		蓄圧タンク4台 高圧注水系4系列	蓄圧タンク4台 高圧注水系2系列 低圧注水系2系列
	原子炉格納容器		プレストレストコンクリート製 上部半球円筒型	プレストレストコンクリート製 上部半球円筒型
タービン設備	タービン		54インチ翼 低圧タービン (TC6F54)	44インチ翼 低圧タービン (TC6F44)
	発電機		約1,700 MVA	1,310 MVA

(出典) 資源エネルギー庁公益事業部原子力発電課(編):原子力発電便覧'99年版,電力新報社(1999年10月)p.405

(p.162 より) 核燃料サイクルの本質的な狙いは，天然ウランの 99.3%を占める U-238 を意図的に Pu-239 に変えて燃料として使うことにある．仮に U-238 をすべて Pu-239 に変換できれば U-235 の 140 倍の Pu-239 が得られることになる．現実には核燃料サイクルの各段階において損失があるため，高速増殖炉で U-238 をプルトニウムに変換しつつ利用する場合の利用効率は約 60 倍と推定されている．これが，高速増殖炉が「夢の原子炉」と呼ばれた所以である．

経済性などの理由から高速増殖炉による核燃料サイクルを断念し直接処分する政策をとる国もあるが，ウラン資源も輸入に頼るわが国では早い時期から，使用済燃料を再処理して回収されるプルトニウムやウランを当面は軽水炉で利用しながら長期的には高速増殖炉による核燃料サイクルの実現を目指すことを基本的な方針としてきた．しかし，2011 年 3 月 11 日に発生した福島第一原子力発電所の事故を契機として，国の原子力委員会は原子力政策の徹底検証を行うことを決め，核燃料サイクルについては「全量再処理」，「再処理・直接処分併存」，「全量直接処分」の 3 つの政策選択肢を選定し本格的な検討に入った（2012 年 6 月現在）．

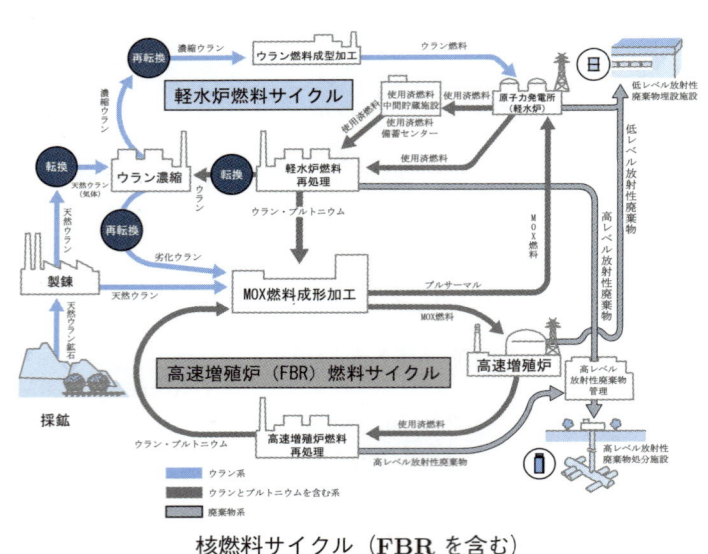

核燃料サイクル（FBR を含む）

（出典）資源エネルギー庁「原子力 2010」

● 事故から学ぶ② 「チェルノブイリ原子力発電所事故の概要」 ●

1986年4月26日,旧ソ連ウクライナ共和国キエフ市北方約130 kmにあるチェルノブイリ原子力発電所4号機（RBMK-1000）で事故が発生した.
　この事故は,外部からの電力供給が止まった際にタービン発電機の慣性による回転でどの程度発電が可能かを確かめる実験をしているときに発生した.
　運転員は,原子炉の自動停止装置が働かないようにするなど,運転規則に違反するような操作をし,実験の遂行を優先するあまり,計画とは異なる原子炉状態で実験を実施した.すなわち,原子炉が不安定な性質を示す低出力領域で,しかも制御棒を規則に違反するレベルまで引き抜いて行うなどである.このため,原子炉出力が急に上昇し,燃料の過熱,激しい蒸気の発生,圧力管の破壊,原子炉と建屋の構造物の一部破壊に至った.
　旧ソ連当局によれば,この事故による死者は31名（うち1名は消防作業中の火傷によるもの,1名は現場で行方不明）,急性放射性障害を起こし入院した人は203名となっている.原子炉と建屋の破壊により,炉内の放射性物質が外部環境に放出され,事故直後,発電所から半径30 kmの地域の住民およそ13万5,000人が避難した.これらの人が受けた放射線の総量は,1万6,000人・シーベルトと評価されている.これは,平均すると1人あたり約120ミリシーベルトとなり,自然界から受ける年間平均線量（約2.4ミリシーベルト）と比較すると約50倍の線量を受けたことになる.放射性物質は国境を越え,旧ソ連に隣接するヨーロッパ諸国を中心に広範囲にわたる放射能汚染をもたらした.
　わが国の原子力安全委員会は同年5月にソ連原子力発電所事故調査特別委員会を設置し,1987年5月に,報告書をとりまとめ,原因について設計の脆弱性と運転員の規則違反の2つの観点から言及した.その中では,運転員の数々の規則違反の他,事故時の出力上昇に対してブレーキ（自己制御性と緊急停止）が効かない設計など事故炉の設計上の問題点も事故拡大につながったとされている.
　同報告書では,わが国の原子力発電所については,このような急激な出力上昇を伴う事故に対する適切な設計上の安全確保対策がなされていること,運転管理体制が適切なものであることなどから,チェルノブイリ事故と同様な事故の発生は極めて考えにくいとしている.さらに,わが国の原子炉には,もし万一,放射性物質が原子炉から漏れても,これを周辺環境に放出させないための原子炉格納容器があり,この点でも,旧ソ連とわが国の設計思想は大きく異なっている.わが国としては,原子力防災対策の充実,安全意識（文化）の醸成,安全研究の推進など一層の安全対策を図ることとした.

4.3 原子力発電所の安全性

4.3.1 安全確保の基本的考え方

(1) 原子力発電所の安全確保

原子力発電所の安全を確保するということは，原子炉内の核反応の結果発生した放射性物質を外部に放出しないことであり，さらには発電所の運転により一般公衆および従業員の健康や周辺環境に悪影響を与えないようにすることである．特に原子力発電所の安全確保において一般産業と異なるのは放射性物質を扱っているということであり，さらには内蔵している放射性物質の量が大量であり潜在的危険性が極めて大きいことである．原子力発電所の安全確保に関して一般産業施設に比べて格段に厳しい要求がなされるのはこのためである．

(2) 深層防護の考え方

原子力発電所の安全確保のうえで，最も基本となる思想は**深層防護**（defense in depth）といわれる考え方であり，**多重防護**あるいは**多層防護**とも呼ばれる．これは，どんなに考えを尽くして対策をとったとしても，それが何らかの理由で機能しないことを謙虚に仮定して，次の段でまた十分な防護を考えるという徹底した前段否定の考え方に基づくものである．防護のレベルとして従来では3層の考えがとられていたが，近年，国際的には5層の考えが一般的となりつつある．図4.13に第1～第3のレベルの深層防護に基づく原子力発電所の安全確保の概要を示す．

(a) **第1のレベル：「異常発生の防止」**　深層防護の第1のレベルは，「異常発生の防止」である．原子力発電所が事故を起こさないようにするためにまずは，事故の原因となるような異常を極力未然に防止することが重要である．そのため次のような対策がとられる．

- 設計段階で信頼性の高い設計を行う．たとえば，重要な系統に対しては各機器に加わる力や温度などに対して，これらの機器が十分耐えられるように余裕のある設計をする．また，機器や材料には適切な品質のものを使用するなどである．さらに設計，製作から建設に至るまで十分な品質管理を行うこと，さらに運転段階においても定められた運転の制限範囲を守って

4.3 原子力発電所の安全性

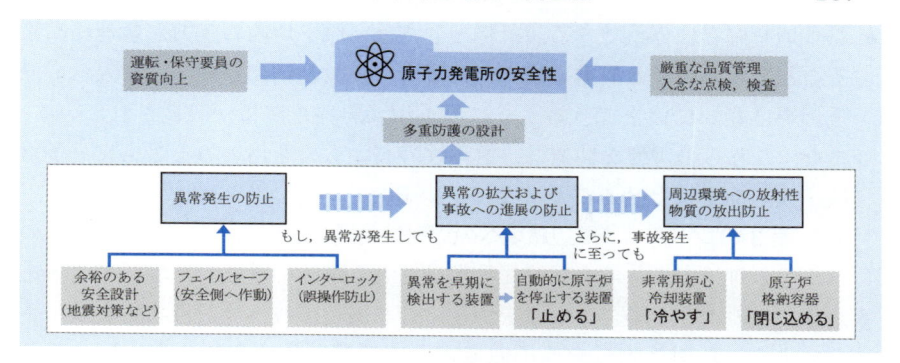

図4.13 原子力発電所の安全確保の概要（深層防護の第1～第3レベル）
（出典） 資源エネルギー庁「原子力2009」他

運転を行い，定期的に設備の保守点検を行うことなどがこれに該当する．
- 誤動作や誤操作によるトラブルを防止するため，フェイルセーフシステムやインターロックシステムが採用される．**フェイルセーフシステム**とは，たとえば，停電になると制御棒が自動挿入されるなど，異常動作が起こっても常に安全側に作動する設計のことである．また，**インターロックシステム**とは，運転員が誤って制御棒を引き抜こうとしても制御棒の引き抜きができないようになっているなど，誤操作によるトラブルを防止する設計のことである．

(b) **第2のレベル：「異常の拡大および事故への進展防止」** 前段の「第1のレベル」の対策により，運転中に異常が発生することは極力防止される．しかし，異常発生の防止に万全を期したとしても，それによって異常が全くなくなるわけではないと考えるのが第2のレベルである．このため万一異常が発生しても，これを早期に検出し，必要な場合には原子炉を確実に停止できるようにすることで，異常が事故に進展することを防止する．これが「異常の拡大および事故への進展防止」である．
- 異常を早期に検出する設計例としては，配管などから漏えいが生じた場合には，これらの異常を小規模なうちに検出できるように各種の自動監視装置が設けられており，必要に応じて，原子炉停止などの適切な措置が講じられる．

● 原子炉を確実に停止できる設計例としては，原子炉内の圧力が急速に高まるなど緊急を要する異常を検知した場合，多数の制御棒を一度に入れて原子炉を自動的に停止できるように原子炉緊急停止装置が設置されている．また，これらの重要な装置は，信頼性の高いものを用いるとともに，多重性・独立性を持たせることになっている．

(c) **第3のレベル：「周辺環境への放射性物質の放出防止」** 第1，第2のレベルでの対策によっても，仮に異常が拡大し事故へ進展した場合のことを考える．このような場合にも原子炉を冷却し周辺環境へ放射性物質を放出させないように放射性物質を原子力発電所内に閉じ込められるようにすること．これが深層防護の第3のレベルである．非常用炉心冷却設備を設けて非常時の炉心冷却を確保するとともに，原子炉格納容器を設けて放射性物質の閉じ込めを図ることなどがこれに該当する．配管の破断により冷却材が喪失するような事故を想定し，これに備えるための**非常用炉心冷却設備（ECCS：Emergency Core Cooling System）** を設ける．万一の事故の際には，ECCSにより大量の水を炉心に注入し，炉心を冷却し続ける設計となっている．さらに，格納容器スプレー系によって格納容器内に漏れた蒸気を冷却・液化して格納容器内の圧力を下げると同時に，粒子状になって浮遊している放射性物質を減少させる設計としている．

(d) **第4のレベル：「アクシデントマネジメント」** 以上，「異常の発生防止」，「異常の拡大および事故への進展防止」，「周辺環境への放射性物質の放出防止」が深層防護の基本的な考え方であり，これに基づいた安全対策により公衆の健康に影響を及ぼす事態の発生は十分に防止することができると考えられていた．しかし，スリーマイル事故（p.150のコラム）などの経験が物語るように，自然災害や機器の故障，人為ミスなどいくつかの不具合が重なり，その結果，安全設計で想定した範囲を超え，最終的に炉心の溶融など大きな損傷に至る事態が発生する可能性は0にはできない．このような事態を特に**シビアアクシデント**（**過酷事故**，**SA**：severe accident）と呼んでいる．これを防止するために安全設計に含まれている設計上の余裕や，本来安全設計の対象として位置づけられていなかった機器を含めて，シビアアクシデントの発生防止や影響緩和に役立つ手順などの対策を整備しておくことに

4.3 原子力発電所の安全性

より，シビアアクシデントに伴うリスクをさらに低減させることができる．このような措置を**アクシデントマネジメント**（**AM**：Accident Management）（4.3.4 項参照）といい，近年整備が進められているものである．たとえば，格納容器の圧力があまりに高くなって大破損に至る前にこれにつながる配管からフィルターを通して排気（格納容器ベント）して破損を防止する．また，内部に熱源があるため圧力が上がってきたときには，格納容器に水を注入するなどである．このようなアクシデントマネジメントを深層防護の第 4 レベルとしてとらえ，現実に起きた場合の具体的対応を図り訓練を実施しておくことが重要である．

 (e) **第 5 のレベル：「原子力防災」** 第 1～4 の対策によってもなお，仮に発電所外に大量の放射性物質が放出され，周辺住民の健康に影響を及ぼしうる事態が発生した場合に備えて，その影響を可能な限り軽減するための対策をあらかじめ講じておく必要である．このような観点から行われるのが国や地方自治体，事業者による原子力防災の整備である．この原子力防災を深層防護の第 5 のレベルととらえ，ここでも徹底的な前段否定の考え方を貫き，現実に起こりうるものとして具体的に検討・準備・訓練をしておく必要がある．

(3) 「止める」，「冷やす」，「閉じ込める」

原子力発電所には，事故発生に備えて「止める」，「冷やす」，「閉じ込める」の 3 つの機能を有する安全設備が備えられている．

原子力発電所のリスクのもととなる放射性物質のほとんどは原子炉の炉心に集中している．このため原子力発電所の安全を確保するためには，放射性物質が集中している原子炉を守り，事故によって原子炉の炉心から放射性物質が放出されることがないように管理することが必須となる．この観点から原子力発電所では，仮に事故が発生した場合でも，確実に原子炉を停止し（「止める」機能），その後の崩壊熱を適切に除去しつつ炉心を冷却し（「冷やす」機能），炉内の放射性物質が周辺に放出されないように格納する（「閉じ込める」機能）ことが重要である．これは前述の深層防護という観点では第 2，第 3 のレベルである「異常の拡大および事故への進展防止」，「周辺環境への放射性物質の放出防止」に相当する機能である．安全設備は上記のよう

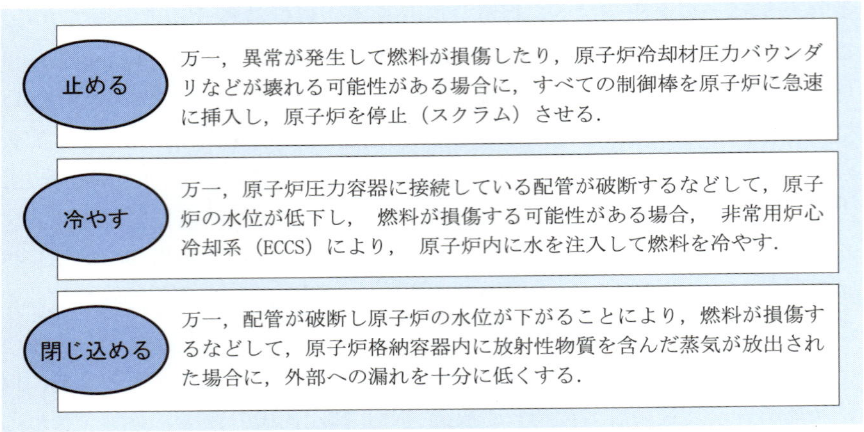

止める	万一，異常が発生して燃料が損傷したり，原子炉冷却材圧力バウンダリなどが壊れる可能性がある場合に，すべての制御棒を原子炉に急速に挿入し，原子炉を停止（スクラム）させる．
冷やす	万一，原子炉圧力容器に接続している配管が破断するなどして，原子炉の水位が低下し，燃料が損傷する可能性がある場合，非常用炉心冷却系（ECCS）により，原子炉内に水を注入して燃料を冷やす．
閉じ込める	万一，配管が破断し原子炉の水位が下がることにより，燃料が損傷するなどして，原子炉格納容器内に放射性物質を含んだ蒸気が放出された場合に，外部への漏れを十分に低くする．

図4.14　原子力発電所の安全確保の考え方

に事故の際に必要な機能を有する設備であり通常は運転または機能していない待機設備である．原子力発電所の安全設計の特徴は，このような安全設備が多数存在することであり，原子力発電所が潜在的に大きなリスクを有することの現れである（図4.14）．

4.3.2 安全設計

前項で述べた安全設計の基本的な考え方に従った具体的な設計について以下に述べる．

(1) 閉じ込め機能における「5重の壁」

原子力発電所では，深層防護の第3のレベルである「周辺環境への放射性物質の放出防止」を達成するために「閉じ込める」機能を確実に確保する設計としている．具体的には炉心に存在する放射性物質と周辺環境の間に5重の障壁があるとされる．図4.15に放射性物質を閉じ込める5重の壁の概要を示す．

(a) **第1の障壁：燃料ペレット**　核分裂生成物（FP）が発生するのは燃料ペレットの内部である．燃料ペレットは，酸化ウラン燃料の粉末を円柱状に焼き固めたセラミックであり，核分裂に伴って生じるFPを保持する高い能力を有していることから，大部分のFPは飛散せず燃料ペレット内に止まる．

4.3 原子力発電所の安全性

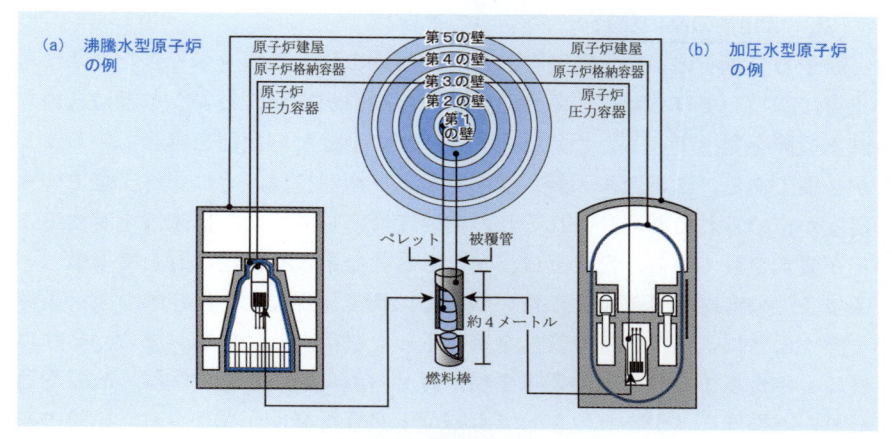

図4.15 放射性物質を閉じ込める5重の壁

(b) **第2の障壁：燃料被覆管（燃料棒）** FPの中にはガス状のもの（FPガス）があり，この一部はペレットの外部に放出されるが，燃料ペレットは長尺円筒形の燃料被覆管の中に密封されており，ペレットから放出される核分裂生成物は燃料棒内に保持される．

(c) **第3の障壁：原子炉冷却材圧力バウンダリ** 原子炉冷却材圧力バウンダリは原子炉圧力容器，配管および隔離弁で構成され原子炉圧力に耐え原子炉冷却材を内包する障壁となる．これにより仮に燃料棒が破損して核分裂生成物が冷却材中に放出されてもバウンダリ内に閉じ込めることができる．

(d) **第4の障壁：原子炉格納容器** 原子炉圧力容器の外側には，さらに鋼鉄製（または鋼製ライナーを内張りしたコンクリート製）の**原子炉格納容器**（reactor containment vessel）があるため，仮に上記原子炉冷却材圧力バウンダリが破損し，バウンダリの外に冷却材が流出するような事故が発生しても，気密性の高い原子炉格納容器が放射性物質を格納容器内に閉じ込めることができる．

(e) **第5の障壁：二次格納施設（原子炉建屋など）** 一番外側には厚いコンクリートで作られた原子炉建屋があり，原子炉格納容器から漏れてくる放射性物質については，原子炉建屋などの二次格納施設内に保持され，外部環境への放出の前にフィルター処理される．

(2) 信頼性の高い設計

原子力発電所の系統，構築物および機器はこれまでに述べてきたような考え方に基づいて作られているが，これらの設備が実際に必要なときに求められる機能を発揮できるためには，それぞれが十分な信頼性を有していることが必要である．このため系統，構築物および機器には，それぞれ安全上の重要度が定められており，それぞれの重要度に応じて適切な信頼性を有することが要求されている．たとえば，安全上重要な系統や機器に対しては厳しい環境条件の考慮や外部電源がない状態での機能確保など，保守的な設計条件を課すことによって十分な安全余裕をもった設計としている．また，それ以外にもさまざまな設計上の要求事項が課せられている結果，機器の故障や運転員の誤操作などがあったとしても安全上必要な機能が確保され，施設の安全性が損なわれないよう工夫されている．先に説明したフェイルセーフシステムやインターロックシステムの他に特徴的なものを以下にいくつか示す．

(a) **多重性/冗長性** 単一の故障が生じても機能が維持されるようにするため，同一機能を持つ系統や機器を多重に設ける設計．

(b) **多様性** 共通の原因で多重性を有する機器が同時に故障するのを避けるため，同一機能で設計概念（動作メカニズム）の異なる系統や機器を多重に設ける設計．

(c) **独立性** 多重性，多様性を有する機器，系統が共通原因によって機能を喪失することのないよう，機器や系統を相互に，主に物理的に分離する設計．

(3) 工学的安全施設

原子力発電所では，設備の破損や故障が生じた場合においても放射性物質の放散を防止・抑制できるよう，**工学的安全施設**と呼ばれる設備を設けている．工学的安全施設には事故時に炉心に冷却水を注入する非常用炉心冷却系や，放射性物質の放出を抑制するフィルタを有する非常用ガス処理系（あるいは空気浄化系），放射性物質を閉じ込めるための原子炉格納容器，外部からの電源の供給が絶たれても重要設備に電源を供給できる非常用電源設備などが含まれる．ここでは工学的安全施設の例として，非常用炉心冷却系と原子炉格納容器について説明する．

(a) **非常用炉心冷却系** 原子力発電所において，たとえば冷却水を内包

する配管が破断して冷却水が流失するような事故（**原子炉冷却材喪失事故，LOCA**：Loss Of Coolant Accident）が発生した場合には，制御棒が直ちに自動挿入され，原子炉は緊急停止する．しかし，原子炉の炉心は停止後も相当期間崩壊熱があるため，原子炉が停止した後も炉心に冷却材を注入し，炉心を冷却し続ける必要がある．そこで，原子力発電所では原子炉冷却材喪失事故時に直ちに大量の冷却材を注入して，炉心を冷却するための施設として非常用炉心冷却系（ECCS）を設けている．非常用炉心冷却系には原子炉内の圧力が高圧でも注水できる高圧注入系と，低圧で大量の冷却材を注入できる低圧注入系がある．これらの設備はその重要性から多重化が図られるとともに，非常用のディーゼル発電機からの電源供給が受けられるなど，外部電源がなくても機能できることが設計上要求される．

BWRの非常用炉心冷却系の例を図4.16に，PWRの非常用炉心冷却系の例を図4.17に示す．

(b) **原子炉格納容器** 原子炉格納容器は，事故の際に放射性物質を閉じ込めることによって外部への放散を防止するものであり，「閉じ込める」機能の第4の障壁をなす重要な設備である．容器は原子力発電所のタイプによって形状は異なるものの，いずれも鋼製またはコンクリート製で，十分な気密性・耐圧性を備えるよう設計されており，想定される事故時の圧力や温度などの状況においても閉じ込め機能を十分確保できるように設計される．また，原子炉格納容器は高い耐震性を有し，さらに定期検査の際に実際に加圧して漏えい率を測定することによって密閉機能の健全性が確認されるなど，高い信頼性を確保，維持することが求められる．図4.18に原子炉格納容器（ABWRの例）の概要を示す．

4.3.3 安全評価

前項で述べた安全設計の考え方に基づき設計された原子力発電所について，それが期待通りの安全性を有しているかどうかを，別の角度から解析・評価し，その結果が安全設計上の要求，つまり安全目標や性能についてのガイドラインに合致するかどうかを検討する作業が安全評価である．安全評価は本質的には設計作業の一部であり，設計の各段階に応じて繰り返し行われるものである．一方，この安全評価の結果は設計の妥当性を第三者が判断する際

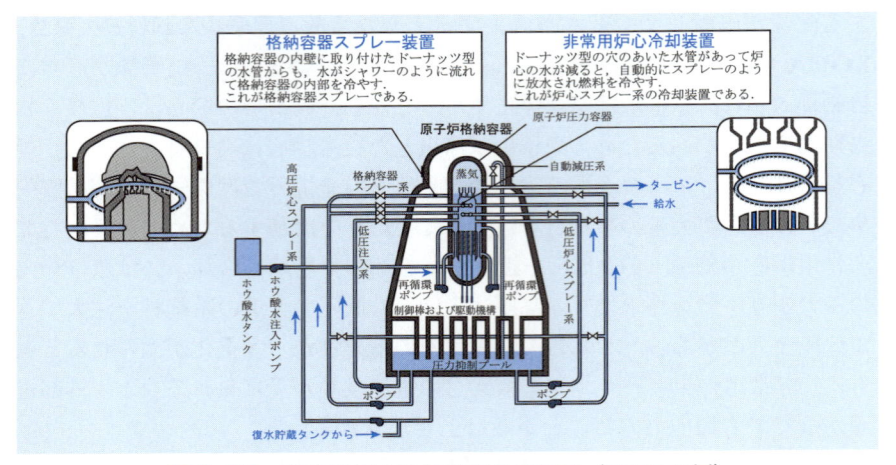

図4.16 非常用炉心冷却装置の概要図（BWR の例）

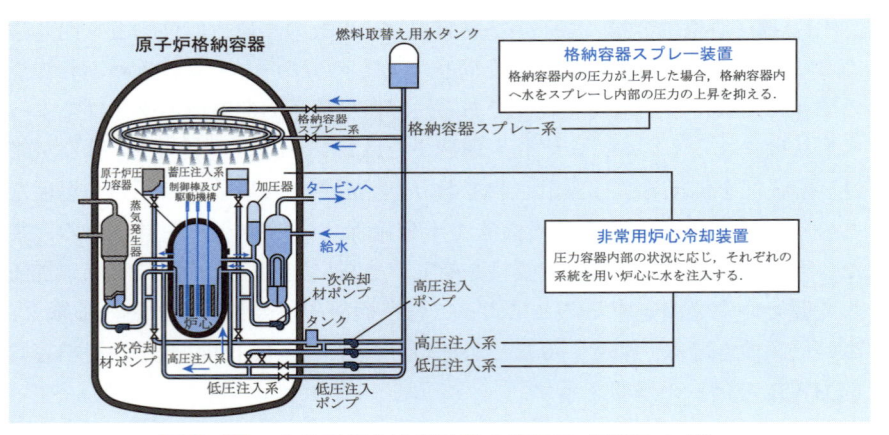

図4.17 非常用炉心冷却装置の概要図（PWR の例）

にも極めて有用である．このため，原子炉などの設置許可に際しての国の審査においてもその結果の提出が求められ，一般に安全評価と言えばこの目的で行われるものを指す場合が多い．

　安全評価の方法には大別して2つのアプローチがある．一つは**決定論的安全評価**（deterministic safety assessment）であり，もう一つは**確率論的安全**

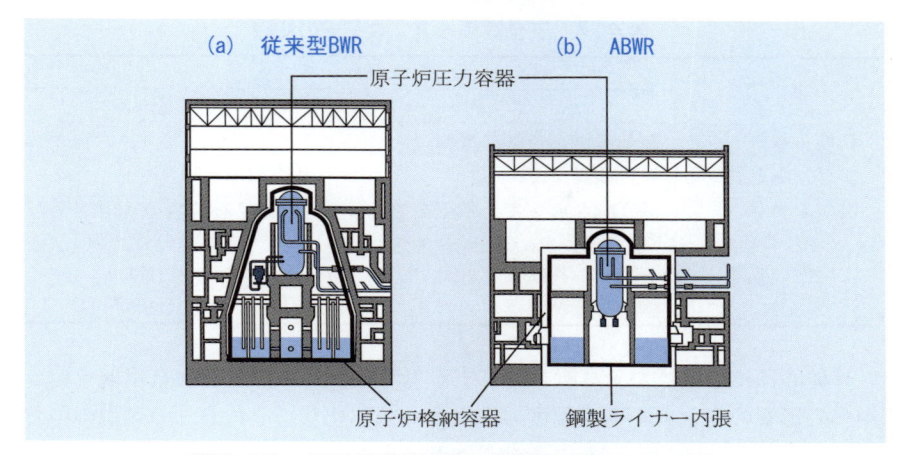

4.3 原子力発電所の安全性　　　**175**

図4.18　原子炉格納容器の概要図（ABWRの例）

評価（**PSA**：Probabilistic Safety Assessment）である．
- 決定論的安全評価は，プラントの異常・故障の頻度分類を定め，各分類の中で影響の点で注目すべき代表的な異常・事故事象の進展を解析し，それがもたらす原子炉状況や公衆の被ばく線量を計算し評価するものである．
- 確率論的安全評価は，網羅的なもので，プラントの異常や主要な安全機能の故障・異常のすべての組合せとして定められる多数の事故シナリオについて発生頻度とそれがもたらす結果を解析するものである．この方法は各事故シナリオごとに発生頻度を求めるところに最大の特徴がある．

この2つのアプローチは単純に優劣がつけられるものではなく，一般的には表4.7のような比較ができる．

本項ではまず国による原子炉設置許可の手続きの際に実施される安全設計審査で求められる決定論的安全評価について述べる．確率論的安全評価については次項で紹介する．

(1)　設計基準事故評価

(a)　**目的**　原子力発電所を構成する機器や系統などは，通常の運転状態だけでなく，異常状態においても，安全確保の観点から所定の機能を果たす必要がある．このため安全評価では異常状態における原子力発電所の応答を解析することにより安全設計の妥当性を評価する．

表4.7 安全評価のアプローチの比較

事　項	アプローチ	
	決定論的	確率論的
初期事象	事前に選定された事象	すべてのスペクトル
プラント応答	単一故障まで	多重故障も扱う
被害の大きさ	保守的な仮定で上限値を求める	現実的解析で中央値と不確かさの幅を求める
安全性の判断	定性的な判断 感度分析が困難	定量的判断が可能 代替系の感度分析が可能

　具体的には，原子力発電所で発生する可能性のある無数の異常事象を原子炉への影響の度合いや発生頻度の観点から類型化し，それぞれの類型の中で代表的な（最も厳しいと考えられる）異常事象を選定し，その事象について発電所の応答を解析し，着目するパラメータ（温度，圧力など）が基準を満足していることを確認するというプロセスをとる．これによって同じ類型に属する他の多くの事象の安全も担保されることとなる．

　(b)　**評価対象事象の選定**　原子力発電所で起こりうる異常事象は，それが発生する頻度に応じて，「運転時の異常な過渡変化」と「事故」の2つに分類される．「運転時の異常な過渡変化」は，原子炉施設の寿命期間中に発生することが予想される事象であり，「事故」は，これよりは発生頻度は低いが発生した場合の影響が大きい事象である．「事故」については，原子炉冷却材の喪失，反応度の異常投入，環境への放射性物質の異常放出，原子炉格納容器圧力の異常変化，その他5区分について代表的な事象を選定することとしている．これらの事象を**設計基準事故**（design basis accident）と呼ぶ．

　(c)　**評価条件**　設計基準事故の解析にあたっては，事故時に作動することが期待されている機器のうち，「止める」，「冷やす」，「閉じ込める」の各機能別に最も厳しい単一の故障の発生を仮定する．また，運転員が手動操作により対処する場合には，適切な時間的余裕（適切な情報が与えられてから少なくとも10分間は何も操作できないと仮定）を考慮する，さらに外部電源が利用できない場合も考慮するなど，厳しい条件で解析を行うことが求められる．このように通常考えられる中で最も厳しいシナリオ，保守的な条件を想定して評価してもなお原子炉の安全性が確保されることを示すことによっ

て，原子力発電所の安全設計の妥当性，安全上の裕度が確保されていることを示すのが決定論的安全評価の特徴である．

(d) **判断基準** 選定された設計基準事故の際の炉心の挙動や外部への放射性物質による影響などを評価し，炉心の溶融あるいは著しい損傷のおそれがないことや，周辺公衆に過度の被ばくを与えないことを確認するため，着目する各種評価パラメータについて判断基準をあらかじめ定め，評価値がこれを満足することを確認する．具体的な判断基準の例としては，原子炉の圧力，原子炉格納容器の圧力，周辺公衆の被ばく線量などがある．

(2) 立地評価

上記(1)設計基準事故の評価は原子炉の安全設計の妥当性を評価するために行われるが，これとは別に原子力発電所の立地条件の適否を評価するための評価として立地評価が行われる．立地評価においては，立地評価用の事故を想定し，その際にも周辺公衆の受ける被ばく線量が判断の目安を下回ることを確認することで，原子力発電所と周辺公衆との離隔が適切になされていることを確認するものである．

具体的には，まず立地評価用の事故として設計基準事故のうち放射性物質の放出拡大の可能性のある事故として「重大事故」を取り上げ，技術的に最大と考えられる放射性物質放出量を想定した場合の評価を行う．このことで原子力発電所周囲の非居住区域の範囲の妥当性を確認する．さらに「重大事故」よりも多くの放射性物質放出量を想定する「仮想事故」を仮定し，その場合の評価を行うことで原子力発電所周辺の低人口地帯の範囲，ならびに人口密集地帯からの距離が確保されていることを確認するものである．

4.3.4 確率論的安全評価とアクシデントマネジメント

(1) 確率論的安全評価とは

一般にあるシステムが持つ潜在的な危険の大きさを表す量であるリスクは

$$\text{リスク} = \text{被害の大きさ} \times \text{被害の発生頻度}$$

と定義される．したがって，リスク評価を行うには事故の被害とともにその発生頻度を推定する必要がある．まずはじめに，公衆に被害をもたらすような事故の発生に至る原子炉各部の故障の組合せ（**事故シーケンス**）を求め，次にそれぞれの事故シーケンスの発生頻度を求め（定量化），さらにそれぞれ

の事故シーケンスによる放射性物質の環境への放出状況を算出し，こうした放射性物質の放出に伴う被害を計算するのである．このような一連の作業を確率論的安全評価（PSA）と呼び，近年になって，決定論的安全評価に加えて原子力発電所の安全評価にも活用されるようになってきた．1975年にアメリカで公表された原子炉安全研究（WASH-1400）は，確率論的安全評価の考えを初めて原子力発電所の安全評価に取り入れたものであり，1979年にアメリカで発生したTMI事故以降，その関心がさらに高まり，シビアアクシデント研究を推進する契機となった．従来の決定論的安全評価手法では，代表的な事故（設計基準事故）に対して重要な機器の単一故障を想定しても炉心の健全性が維持されることなどを示すが，TMI事故の例のように複数の故障や操作ミスが重畳することで，炉心損傷に至るような事故が発生する可能性について定量的に評価することはできない．これに対してPSAは，発生する可能性のあるさまざまな事象をつぶさに調べて，それぞれのシナリオごとに発生する可能性の大きさ（確率・頻度）を考慮してプラントの安全性，リスクを定量的に評価するというアプローチである．

　PSAは評価の最終段階をどこに設定するかに応じてレベル1からレベル3まで分類されており，レベル1は炉心損傷頻度を，レベル2は格納容器からの放射性物質放出の頻度を，レベル3は発電所周辺に放出された放射性物質により公衆が被ばくする頻度を，さらにレベル4は地震など外的事象の影響も考慮した被害程度を評価するものである．

(2)　アクシデントマネジメント

　確率論的安全評価を行うことによって，原子力発電所において炉心損傷が起こる確率（シビアアクシデントの発生確率）が定量的に求められる．わが国の原子力発電所は一般に厳格な安全規制のもと，十分な安全設計が行われ，決定論的安全評価によってその安全性，安全裕度が確保されており，その結果，シビアアクシデントが発生する確率は極めて低いとされてきた．

　しかし，発生確率が低くても発生した場合の影響が極めて大きいシビアアクシデントのリスクを可能な限り低減する活動は深層防護の第4のレベル（4.3.1項）に位置づけられるもので重要である．この活動をアクシデントマネジメント（AM）という．

4.3 原子力発電所の安全性

わが国では，原子力安全委員会においてAMに対しての考え方について検討が行われ，「シビアアクシデントは工学的には現実的に起こるとは考えられないほど発生の可能性は十分小さいが，原子炉施設の安全性の一層の向上を図るため，電気事業者において効果的なAMを自主的に整備することを奨励する」との見解が1992年5月に示された．

これに従って電気事業者は1994年3月にAMの整備方針を取りまとめ，この方針に基づいて設備，手順書，組織などの変更を行った．これらの対策は2002年にはすべて終了し，AM実施後のPSA評価によって原子炉の安全性が大幅に向上したことが確認された．

しかし，AMを深層防護の第4のレベルと位置づけるならば，単に評価上の活動としてではなく，徹底した前段否定の考え方に立ち，現実にシビアアクシデントが起きることを前提とした具体的な訓練などを実施して絶えず不足しているところを補う姿勢が必要である．

(3) 安全目標

確率論的安全評価によって原子力発電所におけるシビアアクシデントの発生確率が定量的に求められるようになり，AMによりこれをより低減しようとする試みがなされるようになると，「どこまで安全であれば十分か（How safe is safe enough?）」ということが議論になる．これに対して定量的なゴールを与えるのが安全目標である．

安全目標については以前から諸外国でも議論がされてきた．現在ではアメリカをはじめ，各国でその国における安全目標が定められている．

4.3.5 原子力防災

原子力防災対策については，従来から災害対策基本法に基づいて，国，地方自治体などにおいて防災計画を定めるなどの措置が講じられてきた．1997年6月には，災害対策基本法の枠組みの中で，関係者の役割分担の明確化などを内容とする防災基本計画原子力災害対策編が策定された．

ところが，1999年9月のJCOウラン加工施設における臨界事故への対応において，初動段階で事故の状況の迅速かつ正確な把握の遅れなどの問題が明らかとなった．このため1999年12月に

- 迅速な初期動作と，国，都道府県および市町村の連携強化

- 原子力災害の特殊性に応じた国の緊急時対応体制の強化
- 原子力防災における事業者の役割の明確化

などを規定した「原子力災害対策特別措置法」(原災法)が成立し,原子力防災対策の抜本的な強化を図ることとなった.これにより

 ①オフサイトセンターの整備
 ②緊急時モニタリング体制,医療体制,専門家の現地派遣体制等の整備
 ③地方公共団体に対する技術的,財政的支援
 ④原子力事業者の防災対策に対する指導

が実施されてきた.

しかし,2011年3月11日に発生した東日本大震災とそれに伴う東京電力(株)福島第一原子力発電所の事故(p.182のコラム)に際しては,その多くが全く機能せず,わが国の原子力防災対策はさらに抜本的な見直しを迫られることとなった.

それまでは,原子力発電所はAMまで含めて極めて高度な安全確保策が講じられており,放射性物質が発電所外に放出されて周辺公衆への影響を緩和するための措置をとらなければならなくなるような事態は現実にはほとんど想定されない,と考えられてきた.

しかし,原子力防災を深層防護の第5のレベルと位置づけるならば,徹底した前段否定の考え方に立ち,現実にそのような事態が起きることを前提とした対策や訓練を実施し備えておくことが重要である.

4.3.6 定期安全レビュー

原子力発電プラントに限らず,設備や機器は使用するにつれて劣化し,新品と同じ状態を保つことができない.技術は日々進歩し,また新しい知見や経験が蓄積してくると,要求される安全レベルもそれに応じて変化する.こうした観点からみると,高い安全性を維持しながら運転することが必要な原子力発電プラントでは,日常の運転管理,保守管理を合理的かつ入念に行うことに加えて,運転,保守に関する運転経験や活動内容を最新の知見などに照らして定期的に確認することも重要である.

定期安全レビュー(**PSR**:Periodic Safety Review)は,このような考え方に基づいて,ある一定期間運転を行った原子力プラントを対象に,その間

の運転経験を振り返って評価したり，プラントの状況を最新の技術的知見に照らしてレビューしたり，確率論的安全評価を実施したりすることによって当該プラントの安全性が，その時点でも十分なレベルにあることを確認する活動である．

PSR は 1992 年に事業者の自主的活動との位置づけで開始され，プラントごと 10 年間隔で実施されてきた．2003 年に法律が改正されて PSR の実施が義務化されるとともに，保安規定の要求事項となったため，その位置づけは事業者の自主的活動から規制要件としての活動に変更された．

4.3.7 安全文化

安全文化（safety culture）という言葉は 1986 年に旧ソ連で起きたチェルノブイリ 4 号機の事故に関する IAEA（国際原子力機関）の事故報告書で初めて用いられた．IAEA の定義によれば「安全文化とは，原子力の安全問題にその重要性にふさわしい注意が最優先で払われなければならないという組織や個人の特性と姿勢の総体」とされる．IAEA の報告書では，チェルノブイリ 4 号機の事故の背景要因として安全文化の欠如が指摘された．技術的にさまざまな考慮や工夫をすることによって，原子力発電所の設備の安全性を高いレベルに維持することはきわめて重要であるのはいうまでもないが，単に設備の安全性が高いだけではプラントの安全性は確保できない．実際には，発電所の設備を運営している管理者，運転者がこうした安全確保の基本的な考え方を正しく理解し，原子炉安全を常に重視する意識をもって管理，運転にあたることが安全確保のうえで同時に必須となる．

わが国では当初，「国内ではすでに十分な安全文化が確立されている」というやや楽観的な受けとめであったが，JCO 臨界事故（1999 年）を契機としてわが国でも安全文化の必要性の認識が高まった．さらに，それに続く事故，不祥事などを経てその傾向はさらに強まり，2007 年からは国による原子力安全規制の対象となるに至った．しかし，安全確保の根底をなす安全文化の醸成は，規制されようがされまいが，事業者自らの責任で当然に行うべきものであり，また，規制する側にも求められるものである．図 4.19 に 5 層のレベルの深層防護と安全文化を含めた安全確保の概念を示す．

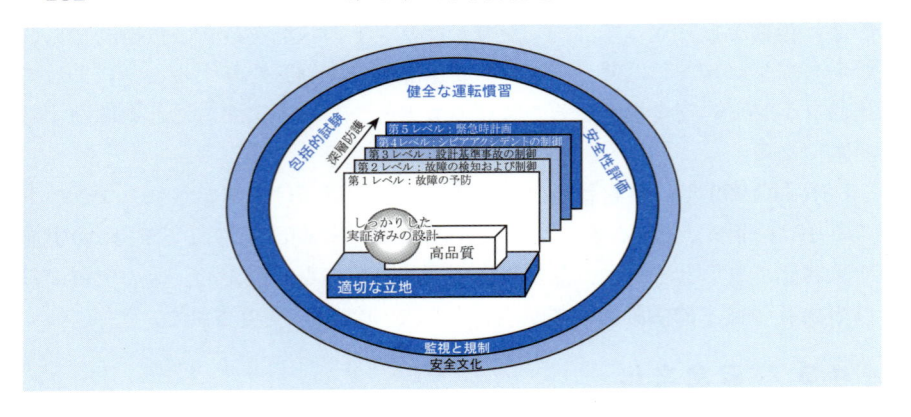

図4.19 原子力発電所の安全確保の概念
　　　　（5層の深層防護と安全文化を含む）
　　　　（出典）原子力エネルギー・アウトルック2008（OECD/NEA）

● 将来のエネルギー選択に向けて ●

　わが国では，原子力発電が水力発電・火力発電とともに基幹電源の一翼を担い，経済の成長と安定を支えてきた．そして，近年の地球環境問題への関心の高まりから，さらなる期待が寄せられていた．
　そのような状況の中，2011年3月11日に東京電力（株）福島第一原子力発電所事故が発生し，今後原子力発電をわが国のエネルギー政策上どのように位置づけるかが国民的議論となっている．
　国民が将来的にどのような選択をするにせよ，その議論の前提として，原子力発電に関する客観的で正確な知識と理解が必要となる．

● 事故から学ぶ③「福島第一原子力発電所事故の概要」●

　2011年3月11日，福島第一原子力発電所は，東北地方太平洋沖地震とこれに伴う津波に見舞われた．地震の規模はマグニチュード9.0であった．津波は福島第一原発において，15 mを超える浸水高が観測された．これに対し設計で想定されていた津波水位は5.7 mだった． 　　　　　　　　　　（次ページへ続く）

4.3 原子力発電所の安全性

　福島第一原子力発電所には，1号機から6号機までの6基の原子炉が設置されており，地震発生時には，1号機から3号機までが運転中，4号機から6号機までが定期検査中であった．地震後，運転中であった1号機から3号機までの原子炉は自動で原子炉緊急停止には成功したものとみられるが，地震と津波により，外部電源および発電所に備えられていたほぼすべての交流電源が失われ，原子炉や使用済燃料プールが冷却不能に陥った．1号機，3号機および4号機においては，炉心の損傷等により大量に発生した水素が原子炉建屋に充満したことによると思われる爆発が発生した．また，調査未了ではあるが，2号機においても炉心が損傷したと考えられる．

　福島第一原発からは，大量の放射性物質が放出・拡散し，発電所から半径20 km圏内の地域は，警戒区域として原則として立入りが禁止され，半径20 km圏外の一部の地域も，計画的避難区域に設定されるなどして，11万人を超える住民が避難した．現在もなお，多くの住民が避難生活を余儀なくされるとともに，放射能汚染の問題が，広範な地域に深刻な影響を及ぼしている．（2011.12.26「東京電力福島第一原子力発電所における事故調査・検証委員会報告書」などより）

福島第一原子力発電所各号機の主要諸元

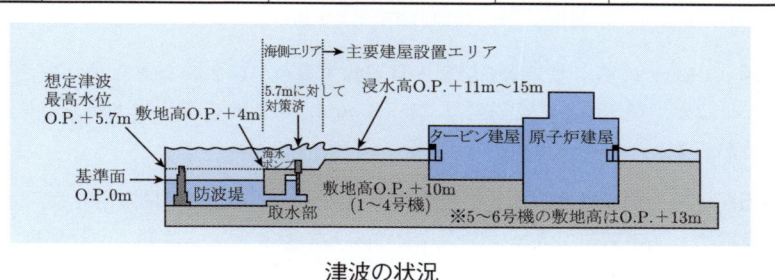

号機	電気出力 [MW]	運転開始年月日	炉型式	格納容器型式
1	460	1971.3.26	BWR-3	Mark I
2	784	1974.7.18	BWR-4	Mark I
3	784	1976.3.27	BWR-4	Mark I
4	784	1978.10.12	BWR-4	Mark I
5	784	1978.4.18	BWR-4	Mark I
6	1,100	1979.10.24	BWR-5	Mark II

津波の状況

4章の問題

□ **4.1** 次の文章中の空欄に適当なことば，数値，あるいは記号を入れて文章を完成せよ．

原子番号 Z，質量数 A の原子核は，① 個の陽子と ② 個の中性子からなっている．原子核が極めて安定なのは，③ (陽子および中性子）が，非常に接近したときだけ強く働く核力で，固く結びつけられているからである．直観的には核力はすぐ隣にある ③ どうしの間にだけ働くと考えてよい．これに反し，陽子間に働く ④ 的な斥力は，距離の ⑤ 乗に ⑥ するから，ずっと離れていても作用を及ぼす．原子核の体積は，ほぼ ③ 数に比例していることが知られており，その密度は原子核の種類に関わらずおよそ一定である．したがって，原子番号の大きい原子核ほど ④ 的な力のために，原子核が不安定になる傾向が強くなる．それにも関わらず，多くの重い原子核が安定なのは，原子番号の大きい原子核ほど ⑦ の数が多くなっているからである．たとえば，N-14 では陽子 7 個，⑦ 7 個であるのに比べて，U-235 では陽子の数は ⑧ 個，⑦ の数は ⑨ 個である．

□ **4.2** 質量が 1 g 減少してすべてエネルギーに変わったとすれば，何 kWh のエネルギーが発生するか．光速を 3.0×10^8 [m·s^{-1}] とする．また，このエネルギーは石炭何トンの燃焼熱に相当するか．ただし石炭の燃焼熱は 1 g につき 6000 cal とする．

□ **4.3** 核融合反応 D + T → ^{4}He + n によって発生するエネルギーを次の原子質量データから算出せよ．ここで D, T はそれぞれ，^{2}H, ^{3}H を表す．
D：2.0141，T：3.0160，^{4}He：4.0026，n：1.0087

□ **4.4** 1 MW の熱出力で原子炉を 1 日運転すると，U-235 を何 g 核分裂させることになるか．U-235 原子の質量は 235.04 amu，U-235 の核分裂 1 回あたりに発生する熱エネルギーは 200 MeV とする．

□ **4.5** 原子力発電に関する次の用語について，それぞれ簡単に説明せよ．
①崩壊熱 ②半減期 ③エレクトロンボルト ④α線 ⑤臨界 ⑥反応度

□ **4.6** 軽水型原子力発電所の炉心を構成する要素 4 つをあげその概要を説明せよ．

□ **4.7** 原子力発電所の安全確保の基本となる深層防護における 5 つの層を簡単に説明せよ．

問題解答

1章

■ **1.1** 1.1.3 項参照

■ **1.2** エネルギー資源を持つ国の 3E は自国資源を中心に，経済性，環境性を考慮する．それに対して，持たない国では，経済性，環境性に加えて，資源確保というエネルギーセキュリティーも重要となる．

■ **1.3** 周波数，電圧といった電力品質の悪化に対する対策に留意するとともに，経済性も重要となる．

2章

■ **2.1** 水面が底から h のときの流出速度：$v = \sqrt{2gh}$
タンクの水の減少量：$-A\frac{dh}{dt}$　　小孔からの流出量：av
$-A\frac{dh}{dt} = av = a\sqrt{2gh}$ なので，$t = 0$ のとき $h = h_0$ として解くと $\sqrt{h} = \sqrt{h_0} - \frac{a\sqrt{2g}}{2A}t$
水が全部出ると $h = 0$ となるので，そのときの時間 T は $T = \frac{A}{a}\sqrt{\frac{2h_0}{g}}$

■ **2.2** $v = \sqrt{\eta_n(2gH)} = \sqrt{0.95 \times 2 \times 9.8 \times 200} = 61\,[\mathrm{m \cdot s^{-1}}]$
$Q = vA = 61 \times 0.1 = 6.1\,[\mathrm{m^3 \cdot s^{-1}}]$
$W = \eta_n gQH = 0.95 \times 9.8 \times 6.1 \times 200 = 11400\,[\mathrm{kW}]$

■ **2.3** $Q = \frac{P}{\eta \times 9.8H} = \frac{\pi}{4}D^2 v$ より $D = \sqrt{\frac{\frac{500}{0.8 \times 9.8 \times 30}}{\frac{\pi}{4} \times 3}} = 0.95\,[\mathrm{m}]$

■ **2.4** $P \propto H\sqrt{H}$ なので $P = \left(\frac{47.5}{50}\right)^{3/2} \times 8000 = 7400\,[\mathrm{kW}]$

■ **2.5** $\Delta P_1 = \frac{\Delta f/50}{R_1} \times P_{1\mathrm{n}} = \frac{\Delta f/50}{0.04} \times 40000 = 20000\Delta f\,[\mathrm{kW \cdot Hz^{-1}}]$
$\Delta P_2 = \frac{\Delta f/50}{R_2} \times P_{2\mathrm{n}} = \frac{\Delta f/50}{0.05} \times 25000 = 10000\Delta f\,[\mathrm{kW \cdot Hz^{-1}}]$

$$\Delta P_1 + \Delta P_2 = 65000 - 56000 = 9000$$

であるので，これらを連立させて解くと $\Delta f = 0.3$, $\Delta P_1 = 6000$, $\Delta P_2 = 3000$
よって $f = 50.3\,[\mathrm{Hz}]$, $P_1 = 34000\,[\mathrm{kW}]$, $P_2 = 22000\,[\mathrm{kW}]$

■ **2.6** P_n と T_n の間には $P_\mathrm{n} = T_\mathrm{n}\omega_\mathrm{n}$ の関係があるので，回転体の運動方程式は

$$I\frac{d\omega}{dt} = T_\mathrm{n} = \frac{P_\mathrm{n}}{\omega_\mathrm{n}}$$

$\omega = \omega_\mathrm{n}$ となる時間を T として，$t = 0 \sim T$ まで積分すると

$$I\omega_\mathrm{n} = \frac{P_\mathrm{n}}{\omega_\mathrm{n}}T$$

よって $T = \frac{I\omega_n^2}{P_n} = 2H = M$

■ **2.7** 発電機自己容量ベースで表した送電線のアドミタンス $\overline{Y}$ は

$$\overline{Y} = 0.035 \times 2 \times \frac{1000}{100} = 0.7 \, [\text{pu}] = 1/\overline{X_c}$$

なので,式 (2.58) より $SCR = 1.0 > \frac{1+\sigma}{X_c} = 0.7 \times 1.2 = 0.84$
よって,自己励磁しない.

【別解】 $Q_c = \overline{Y} \times Q_n = 70 \, [\text{MVA}]$ なので

$$SCR = 1.0 > \frac{Q_c}{Q_n}(1+\sigma) = \frac{70}{100} \times 1.2 = 0.84$$

としてもよい.

3章

■ **3.1** スケールメリット(ボイラ例)

ボイラ容量は単位容積あたり燃焼発熱量基準値で設計するためボイラ容積にほぼ比例し,コストはボイラ水冷壁パネル(熱を水に伝える水冷壁)の材料,加工費,据付費などの資材の物量によって決定されるためボイラの面積にほぼ比例する.たとえば,一辺の長さを 2 倍にした場合,**図 1** に示すようなスケールメリットがある.

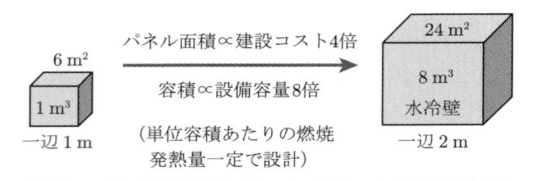

図 1 ボイラ設備スケールメリット説明概念図

この効果を単位容量あたりで計算すると,容量を n 倍増やした場合,一辺の長さは $n^{1/3}$ 倍増え,面積に比例するコストは一辺の 2 乗の $n^{2/3}$ 倍に増えたことになる.つまり単位容量あたりのコストは,$n^{2/3}$ 倍のコストを n 倍の容量で割った $n^{-1/3}$ に減ることになる.1 MW のコストが仮に 100 万円/kW とすれば 1000 倍の容量の 1000 MW のコストは 10 分の 1 の 10 万円/kW となる.

実際のスケールメリットの例を**図 2** に示す.ボイラの構造などによりスケールメリット係数は 0.47〜0.85 と異なり機種に応じたスケールメリット係数がある.

■ **3.2** $\frac{Q_2}{Q_1} = \frac{T_2}{T_1}$ の関係を可逆的カルノーサイクルで考察(図 3.19 参照).
AB:等温膨張 内部エネルギーは不変で $dU = 0$. よって $0 = -dW_{AB} + dQ$

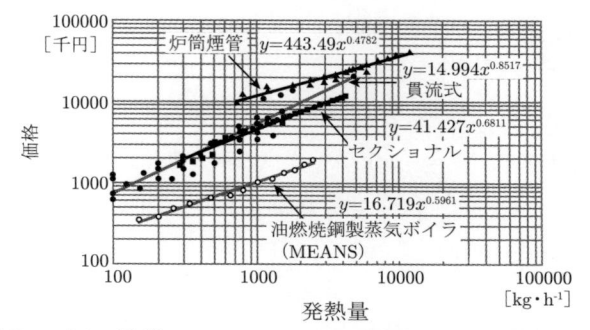

図2 ボイラ設備のスケールメリット相関図 （両対数グラフ）

体積仕事 $dW_{AB} = PdV$ および $PV = RT$ だから

$$dQ \ (=Q_1) = RT_1 \ln\left(\frac{V_B}{V_A}\right)$$

BC：断熱膨張 $Q_{BC} = 0$, $\frac{T_1}{T_2} = \left(\frac{V_B}{V_C}\right)^{1-\gamma}$

CD：等温圧縮 $-Q_2 = RT_2 \ln\left(\frac{V_D}{V_C}\right)$, $Q_2 = RT_2 \ln\left(\frac{V_C}{V_D}\right)$

DA：断熱圧縮 $Q_{DA} = 0$, $\frac{T_1}{T_2} = \left(\frac{V_A}{V_D}\right)^{1-\gamma}$

過程 BC と DA で成立する式に着目すると

BC 断熱膨張，DA 断熱圧縮の関係から $\frac{V_B}{V_C} = \frac{V_A}{V_D}$ であるから $\frac{V_B}{V_A} = \frac{V_C}{V_D}$

ゆえに AB 等温膨張，CD 等温圧縮の関係から $\frac{Q_2}{Q_1} = \frac{T_2}{T_1}$

■ **3.3** 断熱過程では熱 Q のやりとりがなく $dQ = 0$ であり，これにより $dS = 0$ となる．これはこの過程でエントロピー S が一定であることを意味し，<u>等エントロピー過程</u>ともいわれる．

このとき，<u>熱力学第一法則</u>の式，$dQ = dU + dW$ を使うと

$$dU = -dW = -PdV$$

となる．dU は注目している系の<u>内部エネルギー</u>の増分，dW は系が外部に行う仕事である．これから熱接触のない状態で気体を圧縮すると熱くなるという現象（断熱圧縮）を説明することができる．圧縮することは系に外部から仕事が行われるということで，系の内部エネルギーが上昇し熱くなるためである．逆に断熱過程で気体の体積が増大した場合，系の温度は低下する（断熱膨張）．

また，内部エネルギーの増分は定積モル比熱 c_V を用いて次のように表される．

$$dU = nc_V dT$$

n は気体のモル数, T は絶対温度である. ここで, 理想気体の状態方程式を微分すると次の式が得られる.

$$PdV + VdP = nRdT$$

上の 2 式と断熱の式 $dU = -pdV$ から温度の項を消去すると, 次のようになる.

$$\left(1 + \frac{R}{c_V}\right)PdV + VdP = 0$$

ここで, マイヤーの法則

$$c_P = c_V + R$$

を用いると上式は

$$\left(1 + \frac{R}{c_V}\right)PdV + VdP = \frac{c_V + R}{c_V}PdV + VdP = \frac{c_P}{c_V}PdV + VdP = 0$$

となる. ただし c_P は定圧モル比熱である.
ここで $\gamma = \frac{c_P}{c_V}$ として上式を積分すると, 次のような圧力と体積の関係が得られる.

$$\gamma \log V + \log P = \text{const.}$$

よって以下の関係が成り立つ.

$$PV^\gamma = \text{const.}$$

また, 理想気体の状態方程式 $PV = nRT$ を用いると以下の関係も成り立つ.

$$TV^{\gamma - 1} = \text{const.} \quad （ポアソンの法則）$$

■ **3.4** $Q_{\text{in}} = h_1 - h_4 = 3115.3\ [\text{kJ}\cdot\text{kg}^{-1}] - 387.42\ [\text{kJ}\cdot\text{kg}^{-1}] = 2727.88\ [\text{kJ}\cdot\text{kg}^{-1}]$

$Q_{\text{out}} = h_2 - h_3 = 2403.2\ [\text{kJ}\cdot\text{kg}^{-1}] - 384.39\ [\text{kJ}\cdot\text{kg}^{-1}] = 2018.81\ [\text{kJ}\cdot\text{kg}^{-1}]$

$\eta = 1 - \frac{Q_{\text{out}}}{Q_{\text{in}}} = 1 - \frac{2018.81\ [\text{kJ}\cdot\text{kg}^{-1}]}{2727.88\ [\text{kJ}\cdot\text{kg}^{-1}]} = 26\%$

なお, ポンプの動力による熱入力は非常に小さいことから無視した.

■ **3.5** 低位発熱量 = 高位発熱量 $- 2.5(9h + w)\ [\text{MJ}\cdot\text{kg}^{-1}]$

$$w = 9.9\%(\text{ar}),\ h = 4.9\%(\text{d}) \rightarrow 4.41\%(\text{ar})$$

よって $28.4\ [\text{MJ}\cdot\text{kg}^{-1}] - 2.5 \times (0.397 + 0.099) = 27.2\ [\text{MJ}\cdot\text{kg}^{-1}]$
排ガス量（ボイラ内の温度が 1500 ℃ 以上ですべての硫黄が気化すると仮定する）
到着ベースの各元素割合

$$c = 71.1\%(\text{d}) = 64.06\%(\text{ar}), \quad n = 1.4\%(\text{d}) = 1.261\%(\text{ar})$$
$$o = 8.1\%(\text{d}) = 7.298\%(\text{ar}), \quad s = 0.9\%(\text{d}) = 0.811\%(\text{ar})$$
$$h = 4.9\%(\text{d}) = 4.415\%(\text{ar})$$

問 題 解 答

理論空気量 $A_0\,[\mathrm{m_N^3 \cdot kg^{-1}}] = \frac{22.4}{0.21}\left(\frac{c}{12} + \frac{h - \frac{o}{8}}{4} + \frac{s}{32}\right)$

$= 8.89c + 26.7\left(h - \frac{o}{8}\right) + 3.33s$

$= 5.695 + 0.935 + 0.027$

$= 6.657\,[\mathrm{m_N^3 \cdot kg^{-1}}]$

排ガス量 $G\,[\mathrm{m_N^3 \cdot kg^{-1}}]$
$= (1.2 - 0.21)A_0 + 1.867c + 11.2h + 0.7s + 1.244w + 0.8n$
$= 6.590 + 1.196 + 0.494 + 0.006 + 0.123 + 0.010$
$= 8.419\,[\mathrm{m_N^3 \cdot kg^{-1}}]$

■ **3.6** 表 3.14 参照 　 ■ **3.7** 大気汚染防止，水質汚濁防止，騒音・振動防止
■ **3.8** 表 3.15 参照 　 ■ **3.9** 表 3.19 参照 　 ■ **3.10** 表 3.20 参照

4章

■ **4.1** ① Z 　 ② $A - Z$ 　 ③ 核子 　 ④ 電気 　 ⑤ 2 　 ⑥ 反比例 　 ⑦ 中性子
　 ⑧ 92 　 ⑨ 143

■ **4.2** $E = mc^2 = 1 \times 10^{-3}\,[\mathrm{kg}] \times (3.0 \times 10^8\,[\mathrm{m \cdot s^{-1}}])^2 = 9.0 \times 10^{13}\,[\mathrm{J}]$
$1\,[\mathrm{kWh}] = 3.6 \times 10^6\,[\mathrm{J}]$ より

$$E = \tfrac{9.0 \times 10^{13}}{3.6 \times 10^6}\,[\mathrm{kWh}] = 2.5 \times 10^7\,[\mathrm{kWh}]$$

また，$1\,[\mathrm{cal}] = 4.2\,[\mathrm{J}]$ より

$$E = \tfrac{9.0 \times 10^{13}}{4.2}\,[\mathrm{cal}] = 2.2 \times 10^{13}\,[\mathrm{cal}]$$

この熱量は，$\frac{2.2 \times 10^{13}\,[\mathrm{cal}]}{6000\,[\mathrm{cal \cdot g^{-1}}]} = 3.7 \times 10^9\,[\mathrm{g}] = 3700\,[\mathrm{t}]$ の石炭の燃焼熱に相当する．

■ **4.3** [反応前の質量の和] $-$ [反応後の質量の和]
$= (2.0141018\,[\mathrm{amu}] + 3.0160493\,[\mathrm{amu}]) - (4.0026033\,[\mathrm{amu}] + 1.0086650\,[\mathrm{amu}])$
$= 0.0188828\,[\mathrm{amu}]$
これをエネルギーに換算すると

$$0.0188828\,[\mathrm{amu}] \times 932\,[\mathrm{MeV \cdot amu^{-1}}] = 17.60\,[\mathrm{MeV}]$$

■ **4.4** 1 MW の熱出力で 1 日運転が行われたときの発生エネルギーは

$1\,[\mathrm{MW}] \times 24\,[\mathrm{h}] \times 3.6 \times 10^3\,[\mathrm{s \cdot h^{-1}}] = 1 \times 10^6 \times 24 \times 3.6 \times 10^3\,[\mathrm{W \cdot s}]$
$= 8.64 \times 10^{10}\,[\mathrm{J}]$

一方，U-235 1 g が核分裂を起こすと

$$\frac{1\,[\text{g}]}{235.04\,[\text{g}]} \times 6.022 \times 10^{23} \times 200\,[\text{MeV}] = 5.124 \times 10^{23}\,[\text{MeV}]$$

の熱エネルギーが発生する．これを [J] 単位に換算すると

$$5.124 \times 10^{23}\,[\text{MeV}] \times 1.602 \times 10^{-13}\,[\text{J}\cdot\text{MeV}^{-1}] = 8.209 \times 10^{10}\,[\text{J}]$$

したがって，1 MW で 1 日運転したときに核分裂する U-235 の量は

$$\frac{8.64 \times 10^{10}\,[\text{J}]}{8.209 \times 10^{10}\,[\text{J}\cdot\text{g}^{-1}]} = 1.052\,[\text{g}]$$

■ **4.5** ① **崩壊熱** 原子炉は停止した後も，核分裂によって生じた核分裂生成物の放射性壊変（崩壊）のために熱を発生し続ける．これを崩壊熱という．崩壊熱は原子炉の停止後長時間発生するので，事故時はもちろん正常に原子炉を停止した場合でも，この崩壊熱を除去し燃料の溶融を防ぐために冷却を持続させる必要がある．

② **半減期** 放射性の原子は，放射線を出しながら新しい原子に変わっていく．放射性の原子の数がはじめに存在していた数の半分になるまでの時間を半減期という．この半減期は核種固有のものであり，どのような方法によっても変えることはできない．

③ **エレクトロンボルト** エネルギーを表す単位の一つである．電子（あるいは電子と同じ電荷を持つ粒子）が，真空中で 1 V の電位差の間に加速されて得るエネルギーを 1 エレクトロンボルト（eV）という．

④ **α 線** 原子核の α 崩壊によって放出される粒子であり，その実体はヘリウムの原子核（He-4）である．α 線は正の電荷を有することから物質を透過する力は小さく外部被ばくの点ではあまり問題にならないが，電離作用が強いので α 線を出す物質を体内に取り込んだ場合の内部被ばくが問題となる．

⑤ **臨界** 原子炉が核分裂の連鎖反応を持続している状態のことを臨界という．すなわち，原子炉内で核分裂により新たに発生する中性子数が，吸収される中性子数と原子炉外に漏れる中性子数の和に等しくなっている状態で，実効増倍率 k_{eff} が 1 の状態である．

⑥ **反応度** 原子炉が臨界状態からどのくらい離れているかを示す量であり，反応度 ρ は次式で示される．原子炉出力は $\rho > 0$ で増大し，$\rho < 0$ で減少する．

$$\rho = \frac{k_{\text{eff}} - 1}{k_{\text{eff}}}$$

■ **4.6** （1） 核燃料：主に U-235 の核分裂により熱エネルギーを発生するものである．天然ウランには U-235 が 0.7% しか含まれていないため，軽水炉の場合，この含有率を人工的に数%まで高めた低濃縮ウランを燃料として使用する．燃料は二酸化ウランの状態で焼き固められ（ペレット），ジルコニウム合金製の被覆管の中

に入れ，燃料棒として使用される．

　（2）　減速材：核分裂で生じた約 2 MeV の運動エネルギーを持つ高速中性子を，次の核分裂が起きやすい 0.025 eV の熱中性子にまで減速させるためのもので，軽水（H_2O）が使われる．

　（3）　冷却材：核分裂で発生する熱を外部に取り出すための流体であり，軽水炉では軽水が使われる．このため軽水型原子力発電所では，冷却材が減速材を兼ねている．

　（4）　制御材：原子炉の起動，出力制御，停止，緊急停止など，原子炉内の核分裂の連鎖反応を制御するためのものである．制御材は，中性子を吸収する性質（これを示す尺度として「中性子吸収断面積」がある）を有することが必要であり，B, Hf, Cd などの物質が用いられる．これらを棒状にして，燃料間を出し入れすることにより核分裂を調整する．

■ **4.7**　深層防護とは，どんなに考えを尽くして対策をとったとしても，それが何らかの理由で機能しないことを謙虚に仮定して，次の段でまた十分な防護を考えるという徹底した前段否定の考え方であり，原子力発電所の安全確保の上で，最も基本となる思想である．従来，防護のレベルとして 3 層が基本とされてきたが，近年国際的には以下の 5 層の考え方が一般的になりつつある．

　・第 1 層：異常発生の防止
　・第 2 層：異常の拡大および事故への進展防止
　・第 3 層：周辺環境への放射性物質の放出防止
　・第 4 層：アクシデントマネジメント
　・第 5 層：原子力防災

参考文献

共通
- 加藤・田岡共著,「電力システム工学の基礎」, 数理工学社, 2011
- 吉川・垣本・八尾共著,「発電工学」, 電気学会, 2003
- 財満英一編著,「発変電工学総論」, 電気学会, 2007

2章
- ターボ機械協会編,「ハイドロタービン」, 日本工業出版, 1991

3章
- 瀬間徹監修,「火力発電総論」, 電気学会, 2002
- 「火力原子力発電必携（改訂第7刷）」, 火力原子力発電技術協会, 2007
- 「図表で語るエネルギーの基礎 2010-2011」, 電気事業連合会, 2011

4章
- 石森富太郎編,「原子核工学基礎」（原子炉工学講座1）, 培風館, 1972
- 山本賢三, 石森富太郎共編,「原子力工学概論（上）」, 培風館, 1976
- 豊田・湯原・水野・桑島共編,「原子力発電技術読本」, オーム社, 1976
- 日本原子力学会編,「原子力がひらく世紀（改訂3版）」, 日本原子力学会, 2011

索　引

あ 行

アクシデントマネジメント　169, 178
圧力水頭　17
圧力トンネル　31, 49
亜臨界圧ドラム式ボイラ　102
亜臨界圧ボイラ　102
α 線　137
安全文化　181
安定供給　5

一次冷却系　154
位置水頭　17
一般廃棄物　75
引火　99
引火点　99
インターナルポンプ　160
インターロックシステム　167

ウインドファーム　9
上池　25

エアギャップ線　58
エネルギーセキュリティー　4
エネルギー保存則　79
エンタルピー　80
エントロピー差　84
エントロピー増大則　84

オットーサイクル　70
親物質　138
温度差　8

か 行

加圧水型原子炉　152
回転損失　123
回復水頭　39
改良型加圧水型原子炉　161
改良型ガス冷却炉　156
改良型制御棒駆動機構　160
改良型沸騰水型原子炉　159
可逆変化　81
核子　132
核種　132
核燃料　143
核反応　136
核分裂　135
核分裂収率　139
核分裂性核種　138
核分裂生成物　149
核分裂片　139
核融合　134
確率論的安全評価　175, 178
囲い輪　37
過酷事故　168
華氏度　79
火主水従　2
河川流量　20
カナダ型重水炉　157
カプラン水車　40
可変速揚水発電　45
カルノーサイクル　83
環境性　5
環境対策装置　63
間接サイクル　153
γ 線　137
貫流式ボイラ　102
管路損失　19
カーチス段　118
カーボンニュートラル　11
ガイドベーン　37
外部損失　122
ガス機関　69
ガスタービン　54, 71, 126
ガス冷却型原子炉　155

索　引

ガソリン機関　69
ガバナー　122

危険速度　54
キャビテーション　39, 46
吸収　136
強制循環方式　104
共鳴吸収　147
供用期間中検査　160
極数　41
汽力発電　62

クロスフロー水車　33, 37
クーロン障壁　136

経済性　5
軽水型原子炉　152
軽油　74
決定論の安全評価　174
結合エネルギー　133
原子核反応　136
原子質量単位　132
原子番号　132
原子炉　143
原子炉圧力容器　145
原子炉格納容器　171
原子炉冷却材喪失事故　173
減速材　144
元素分析　96

高位発熱量　66
高温ガス炉　156
高温・高圧化　66
工学的安全施設　172
工業分析　96
降水　20
高速増殖炉　158
高速中性子炉　151
高速度形　41

黒鉛減速沸騰軽水冷却圧力管型原子炉　156
固形化燃料　76
固定価格買い取り制度　8
コンバインドサイクルタービン　67
コンバインドサイクル発電　4

さ　行

再生可能電源　5, 8
再生サイクル　88
再生率　147
最大電力点追従制御　10
再熱サイクル　65, 88
再熱・再生サイクル　65
サバテサイクル　71
酸化硫黄　67
酸化窒素　67
産業廃棄物　75
散乱　136
サージタンク　32, 49

自然循環方式　104
下池　25
湿式石灰石石膏法　114
質量欠損　133
質量数　132
シビアアクシデント　168
湿り損失　123
遮蔽材　145
周波数ガバナー制御　122
重陽子　137
衝動水車　33
衝動タービン　118
衝動段　118
新型転換炉　158
進相運転　57

深層防護　166
示強性状態量　78
事故シーケンス　177
自己励磁　58
蒸気加減弁　122
蒸気タービン　54, 118
蒸気タービン装置　63
蒸気発生装置　63
蒸気表　91
状態変数　78
状態方程式　78
状態量　78
蒸発潜熱　86
示量性状態量　78

水圧　16
水圧変動率　49
水位流量図　20
水撃作用　49
水車　19
水車発電機　41
水主火従　2
吸出し管　38
水頭　17
水力　8
水冷管管寄　103
スケールメリット　65
スーパーゴミ発電　76

正規速度形　41
制御材　145
制御棒　145
静翼　118
石炭火力発電　62
石油火力発電　62
設計基準事故　176
摂氏度　79
セルシウス度　79
全水頭　17

総落差　19
速度水頭　17

索　引

た 行

速度線図　34, 40, 43
速度調定率　48
速度複式衝動段　118
速度変動率　49
即発中性子　139
損失水頭　19
増倍率　146

太陽光　8
太陽光発電　9
太陽電池　9, 10
太陽熱　8
多重防護　166
多層防護　166
単位慣性定数　53
単純サイクル　65, 87
短絡比　55
タービン発電機　54
脱調　56
脱硝装置　116
脱硫装置　114
段　118
断熱変化　82
段落　118

地球温暖化　5
蓄積エネルギー定数　53
地熱　8
遅発中性子　139
着火温度　99
中性子　132, 137
調整池　22
潮汐力　8
超超臨界発電　110
超臨界圧　90
超臨界圧貫流式ボイラ　102
超臨界圧ボイラ　103
直接サイクル　154
貯水池　22

ディーゼル機関　69
ディーゼルサイクル　70
低 NO_x バーナー　115
定圧変化　82
低位発熱量　66
定期安全レビュー　180
定常流　17
低速度形　41
定態安定極限電力　56
定態安定度　56
定容変化　82
鉄筋コンクリート製格納容器　160
電子　137
天然ガス火力発電　62
電圧変動率　55
電気集塵器　113
電気発生装置　63
電源ベストミックス　4
電子　132

等温変化　82
同位体　132
同期発電機　9, 41
動翼　118
ドラム式ボイラ　102

な 行

内燃力発電　68
内部損失　122

二次冷却系　154

熱中性子　138
熱中性子炉　151
熱平衡　78
熱力学　78
熱力学第一法則　79
熱力学第零法則　78
熱力学第二法則　83
燃料集合体　144

燃料処理装置　63

濃縮ウラン　143
ノズル　118

は 行

バイオマス　8, 11
廃棄物発電　74
背水　24
排熱回収ボイラ　93, 127
爆発下限濃度　101
爆発上限濃度　101
バケット　33
パーソンズ段　119
発火温度　99
発火点　99
バットレス　30
発電総合効率　19
発電用再熱再生復水タービン　119
羽根　118
波力　8
反射体　145
反動水車　34
反動タービン　118
反動度　119
反応度　148
パワーコンディショナー　10

非均質炉　151
非常用炉心冷却系　173
非常用炉心冷却設備　168
ピストン機関　68
比速度　35, 41
被覆材　143

ファーレンハイト度　79
フィードインタリフ　8
風力　8

索引

は行

風力発電　9
フェイルセーフシステム　167
負荷ガバナー制御　122
不可逆変化　82
複合発電　93
復水・給水系統　120
沸騰水型原子炉　152
扶壁　30
フランシス水車　34, 37
粉塵爆発　101
ブレイトンサイクル　92
ブレード　37
プロペラ水車　34

閉鎖空間　79
β線　137
ペルトン水車　33
ベルヌーイの定理　17
変圧運転　106
ベンチュリ管の原理　19
ペルトン水車　34

ボイラ節炭器　102
崩壊熱　143
放射性物質　137
放射線　137
放射能　137
包蔵水力　22
ポリトロープ変化　82

ま行

巻線型発電機　9

水時定数　50
水・蒸気の状態変化　85
ミドルサードの条件　29
無拘束速度　46

モリエ線図　91

や行

有効吸出し水頭　47
有効落差　19
輸入液化天然ガスメタン　97

陽子　132, 137
洋上風力　9
陽電子　137
翼先端漏れ損失　123
翼素効率　123
翼プロファイル損失　123
余剰増倍率　148

ら行

ラトー段　118
ランキンサイクル　85
ランナ　33
ランナベーン　37

流域　20
流域面積　20
流況曲線　20
流出係数　20
理論仕事量　91
臨界状態　148
臨界超過　148
臨界未満　148

冷却材　144
レシプロ機関　68

炉心　143

英数字

2段再熱サイクル　88
3E　5
4因子公式　146

A-USC　110
ABWR　159
A・B重油　74
AGR　156
AM　169
APWR　161
ATR　158

BWR　152

CANDU　157
CCT　67

ECCS　168, 173

FBR　158
FMCRD　160
FP　149

GCR　155

HHV　66
HRSG　93, 127
HSA重油　98
$h\text{-}s$線図　91
HTGR　156

IPP事業者　71
ISI　160

K点　86

LHV　66
LNG　97
LOCA　173
LSA重油　98
LWR　152

MPPT　10

NO_x　67

索　引

PI　106	RDF　76	SO_x　67
PSA　175	RDF 燃焼発電　76	
PSR　180	RIP　160	$T\text{-}s$ 線図　91
PWR　152		
	SA　168	USC　110
RBMK　156	SC　90	
RCCV　160	SCR　55	X 線　137

著者略歴

加藤 政一（かとう まさかず）
- 1982年　東京大学大学院工学系研究科電気工学専攻博士課程修了
　　　　　工学博士
- 1982年　広島大学工学部助手
- 1984年　東京芝浦電気株式会社（現 株式会社東芝）入社
- 2005年　東京電機大学工学部電気工学科（現 電気電子工学科）教授

主要著書
- 「電力システム工学の基礎」（数理工学社）
- 「電力システム工学」（丸善）
- 「電力系統工学」（東京電機大学出版局）
- 「電気の未来　スマートグリッド」（電気新聞社）

中野 茂（なかの しげる）
- 1977年　東京大学大学院工学系研究科電気工学専攻修士課程修了
- 1977年　電源開発株式会社入社
- 2011年　同 流通システム部　シニアエキスパート
　　　　　資格：第一種電気主任技術者

西江 嘉晃（にしえ よしてる）
- 1978年　早稲田大学理工学部電気工学科卒業
- 1978年　電源開発株式会社入社
- 2011年　同 国際業務部 IPP 運営管理室　室長代理
　　　　　資格：技術士（電気・電子部門，総合技術監理部門），
　　　　　　　　第一種電気主任技術者，エネルギー管理士（熱）・（電気）

桑江 良明（くわえ よしあき）
- 1980年　東北大学工学部通信工学科卒業
- 1980年　電源開発株式会社入社
- 2011年　同 原子力業務部　安全管理推進役
　　　　　資格：技術士（原子力・放射線部門），第一種電気主任技術者，
　　　　　　　　原子炉主任技術者，第一種放射線取扱主任者

電気・電子工学ライブラリ＝UKE-D2
電力発生工学

2012年8月10日©	初 版 発 行
2021年10月10日	初版第3刷発行

著者	加藤政一	発行者	矢沢和俊
	中野　茂	印刷者	篠倉奈緒美
	西江嘉晃	製本者	松島克幸
	桑江良明		

【発行】　　　株式会社　数理工学社

〒151-0051　東京都渋谷区千駄ヶ谷1丁目3番25号
編集 ☎(03)5474-8661（代）　　サイエンスビル

【発売】　　　株式会社　サイエンス社

〒151-0051　東京都渋谷区千駄ヶ谷1丁目3番25号
営業 ☎(03)5474-8500（代）　振替 00170-7-2387
FAX ☎(03)5474-8900

印刷　（株）ディグ　　製本　松島製本（有）
《検印省略》

本書の内容を無断で複写複製することは，著作者および出版者の権利を侵害することがありますので，その場合にはあらかじめ小社あて許諾をお求め下さい。

ISBN978-4-901683-90-6
PRINTED IN JAPAN

サイエンス社・数理工学社のホームページのご案内
http://www.saiensu.co.jp
ご意見・ご要望は
suuri@saiensu.co.jp　まで

電気電子基礎数学
川口・松瀬共著　2色刷・A5・並製・本体2400円

電気磁気学の基礎
湯本雅恵著　2色刷・A5・並製・本体1900円

電気回路
大橋俊介著　2色刷・A5・並製・本体2200円

基礎電気電子計測
信太克規著　2色刷・A5・並製・本体1850円

応用電気電子計測
信太克規著　2色刷・A5・並製・本体2000円

環境とエネルギー
西方正司著　2色刷・A5・並製・本体1500円

電力システム工学の基礎
加藤・田岡共著　2色刷・A5・並製・本体1550円

基礎制御工学
松瀬貢規著　2色刷・A5・並製・本体2600円

電気機器学
三木・下村共著　2色刷・A5・並製・本体2200円

＊表示価格は全て税抜きです．

発行・数理工学社／発売・サイエンス社